山东省职业教育规划教材
供职业教育各专业使用

化　学

主　编　项　岚　司　毅
副主编　玄绪恒　王宙清　窦君霞
编　委　(按姓氏汉语拼音排序)
　　　　　窦君霞　侯轶男　司　毅
　　　　　王宙清　夏振展　项　岚
　　　　　玄绪恒　杨存岭　张世政

科学出版社
北　京

内 容 简 介

本教材系山东省职业教育规划教材之一，共九章，主要内容包括化学科学的初步认识、物质的结构分析、常见的非金属元素及其应用、常见的金属元素及其应用、物质的量的认识、常见的烃类化合物、常见烃的含氧衍生物、食品营养与健康、保护生存环境。本教材采用任务驱动模式，将知识点融入任务分析和操作中，提高了教材的时代感、应用性和典型性，使学生在学习过程中，不仅掌握独立的知识点，而且能培养综合分析问题、解决问题的能力。教材中配以相应的实验，实现教学做的统一。整体知识结构可为后续课程的学习奠定基础。

本教材可供职业教育各专业使用。

图书在版编目(CIP)数据

化学 / 项岚，司毅主编. —北京：科学出版社，2019.8
山东省职业教育规划教材
ISBN 978-7-03-057467-1

Ⅰ. 化⋯ Ⅱ. ①项⋯ ②司⋯ Ⅲ. 化学-职业教育-教材 Ⅳ. O6

中国版本图书馆 CIP 数据核字（2018）第 104424 号

责任编辑：魏亚萌　丁彦斌 / 责任校对：张凤琴
责任印制：徐晓晨 / 封面设计：图阅盛世

科学出版社 出版
北京东黄城根北街 16 号
邮政编码：100717
http://www.sciencep.com

北京虎彩文化传播有限公司 印刷
科学出版社发行　各地新华书店经销

*

2019 年 8 月第 一 版　　开本：787×1092 1/16
2020 年 8 月第二次印刷　印张：9 3/4
　　　　　　　　　　　　字数：222 000
定价：**35.00 元**
（如有印装质量问题，我社负责调换）

山东省职业教育规划教材质量审定委员会

主任委员（按姓氏汉语拼音排序）
　　冯开梅　郭向军　胡华强　杨光军　赵全红

副主任委员（按姓氏汉语拼音排序）
　　董会龙　付双美　贾银花　姜瑞涛　李　强　林敬华
　　刘忠立　司　毅　王长智　张立关　张志香　赵　波
　　赵　清　郑培月

秘书长　徐　红　邱　波

委　员（按姓氏汉语拼音排序）
　　包春蕾　毕劲莹　曹　琳　陈晓霞　程　伟　程贵芹
　　董　文　窦家勇　杜　清　高　巍　郭传娟　郭静芹
　　黄向群　贾　勇　姜　斌　姜丽英　郎晓辉　李　辉
　　李晓晖　刘　洪　刘福青　刘海霞　刘学文　鹿　梅
　　罗慧芳　马利文　孟丽娟　糜　涛　牟　敏　庞红梅
　　齐　燕　秦　雯　曲永松　石　忠　石少婷　田仁礼
　　万桃先　王　鹏　王凤姣　王开贞　王丽萍　王为民
　　王艳丽　魏　红　吴树罡　项　岚　邢鸿雁　邢世波
　　宣永华　英玉生　于全勇　张敏平　张乳霞　张文利
　　张晓寒　赵　蓉

Preface 前言

本教材系山东省职业教育规划教材之一,是根据《山东省职业学校职业教育化学课程标准》,从初中起点五年制高职学生的特点和认知规律出发,坚持科学合理、务实够用的原则,结合编者多年来的教学与实践经验编写而成。

本教材适用于职业教育各专业使用。

本教材在编写过程中,着重突出以下特色:

1. 采用任务驱动模式,将知识点融入任务分析和操作中,提高了教材的时代感、应用性和典型性,不仅能使学生在学习过程中掌握独立的知识点,而且能培养学生综合分析问题、解决问题的能力。

2. 知识结构合理,符合学生的认知规律。本教材内容深度、广度适中,避开烦琐的公式推导,删减过深的反应机理,降低了起点和难度,语言简练、深入浅出,力求重点突出、概念准确。

3. 编写结构上包括情景导入、正文、知识链接、课堂互动、本章小结、自测题等,便于学生复习、巩固和提高,也便于学生知识面的拓展。

4. 注重理论与实践的紧密结合,培养学生良好的实验素养和动手操作能力,实现教学做的统一。

本教材按照理论44学时、实验20学时,合计64学时编写。全书共九章,主要内容包括化学科学的初步认识、物质的结构分析、常见的非金属元素及其应用、常见的金属元素及其应用、物质的量的认识、常见的烃类化合物、常见烃的含氧衍生物、食品营养与健康、保护生存环境等,旨在引导学生认识常见的化学物质,学习重要的化学概念,了解物质的组成和结构,认识化学对人类生活和社会发展的重要作用,进一步提高学生的科学文化素养,为后续课程的学习奠定基础。

鉴于各专业教学要求和教学时数不尽相同,教师在使用时,应根据各自专业的教学要求,对教学内容进行适当调整。

本教材在编写过程中得到了泰山护理职业学院、山东医学高等专科学校、泰安技师学院、山东省莱阳卫生学校、泰山职业技术学院、烟台高级师范学校、泰安市岱岳区职业教育中心的领导、老师的关心和支持,在此一并表示感谢。

  由于时间仓促,水平有限,书中难免存在不足之处,衷心期望各位同行和广大读者不吝指正。

编　者
2019 年 4 月

Contents 目录

第1章　化学科学的初步认识 /1
　　第1节　走进化学科学　　/1
　　第2节　学习化学的方法　/4

第2章　物质的结构分析 /7
　　第1节　原子结构　　　　/7
　　第2节　元素周期律和元素周期表　/10
　　第3节　化学键　　　　　/14

第3章　常见的非金属元素及其应用 /19
　　第1节　氯气及其重要的化合物　/19
　　第2节　碳、氮、硫的主要化合物　/24
　　第3节　传统硅酸盐产品与新型无机非金属材料　/32
　　第4节　酸雨的形成与防治　/34

第4章　常见的金属元素及其应用 /39
　　第1节　金属通性　　　　/39
　　第2节　几种重要的金属及其化合物　/41
　　第3节　合金　　　　　　/50

第5章　物质的量的认识 /55
　　第1节　物质的量　　　　/55
　　第2节　溶液的配制　　　/58

第6章　常见的烃类化合物 /65
　　第1节　最简单的烃类化合物——甲烷　/65
　　第2节　重要的烃类代表物　/67
　　第3节　石油与煤的综合利用　/72

第7章　常见烃的含氧衍生物 /79
　　第1节　乙醇和苯酚　　　/79
　　第2节　甲醛和乙醛　　　/83
　　第3节　乙酸　　　　　　/87

第8章　食品营养与健康 /91
　　第1节　人类重要的营养物质　/91
　　第2节　关注食品营养健康　/100

第9章　保护生存环境 /105
　　第1节　我们生存的环境　/105
　　第2节　保护生存环境　　/111

实验指导 /117
　　实验一　化学实验基本操作　/117
　　实验二　粗盐的提纯　　　/122
　　实验三　元素周期表中元素性质的递变规律　/123
　　实验四　氯气的实验室制法和性质检验　/124

实验五　氮、硫及其重要化合物的性质　/ 125
实验六　常见金属及其重要化合物的性质　/ 127
实验七　配制一定物质的量浓度的溶液　/ 128
实验八　常见烃的主要化学性质　/ 129
实验九　常见烃的含氧衍生物的主要性质　/ 131
实验十　鲜果中维生素 C 的探究　/ 133

参考文献　/ 135
附录　/ 136
　　附录一　国际单位制的基本单位　/ 136
　　附录二　酸、碱、盐的溶解性表(293.15K)　/ 136
　　附录三　常用酸碱溶液的相对密度和浓度表　/ 137
教学基本要求　/ 138
自测题参考答案　/ 143
元素周期表　/ 封三

第1章 化学科学的初步认识

世界是由物质组成的,化学则是人类用以认识和改造物质世界的主要方法和手段之一。它是一门历史悠久而又富有活力的学科,它的成就是社会文明的重要标志。

情景导入

2017年12月26日,中华人民共和国国家统计局网站上的新闻《李晓西:官方首次发布绿色发展指数意义重大》中有这样一段话:"城市化与工业化曾给我们带来困惑与苦恼。当一座座城市用大楼和烟筒取代了一棵棵大树的时候,当工业污水把我们的小溪变成臭水沟的时候,当灰蒙蒙的天空吞噬了蓝天白云的时候,我们怀念起农村,怀念起小时候的生态,怀念起虽贫穷但清爽的日子。现在,新时代到来,一切都在变化中!"

问题: 1. 导致环境污染的原因有哪些?
   2. 化学与我们有怎样的联系?

第1节 走进化学科学

我们周围有形形色色、丰富多彩的各种物质,人类生活质量的提高是以物质的极大丰富和多样化为前提的。由于自然界所能直接提供的物质品种和数量无法满足人类不断增长的各种需求,所以人类从古到今改造原有物质和制造新物质的工作从没有停止过。对物质的研究和开发,极大地促进了化学的发展。

一、认识化学

自然界中的物质种类繁多,形态各异。各种形态的不同物质,在不断地运动、变化之中。各种物质为什么会有不同的性质?物质是如何组成及形成的?不同的物质为何会发生不同的变化?生活中有大量类似的问题,有关物质及其变化的问题通过学习化学可以得到初步的答案,因为化学研究的对象是各种类型的物质。化学是研究物质的组成、结构、性质、变化规律及其应用的一门自然科学。

化学是一门充满神奇色彩的科学,通过探索原子、分子、离子等极小粒子的特征和行为,从而认识整个物质世界。学习化学,了解化学变化的原理,可以让我们明白许多化学现象,控制化学变化。掌握化学的基本原理,不仅能提炼出自然界原来存在的物质,如从石油中提炼出汽油、煤油和柴油等;还能制造出大量自然界中没有的物质,如通过石油制造出各种塑料、合成橡胶、合成纤维、药品、洗涤剂等。此外，化学还能够帮助人们研究生命现象、研制新的材料、合理利用资源、防止污染、保护环境、促进人体健康等。

化学是一门实用性很强的科学。化学家通过对原子、分子的了解和操控，利用分析和模拟的方法，解开了许多物质的构成之谜(如橡胶、染料和香料等)，合成与开发出大量自然界并不存在的新物质、新材料，为困扰现代社会的环境、能源和资源等问题提供更多的有效解决途径。如果没有合成氨的化工技术，人们很难制造出粮食增产所需要的大量氮肥，人类将面临饥饿的威胁；如果没有新药物的成功研制，面对许多疾病，人们将束手无策；如果没有功能各异的合成高分子材料的大量研制和生产，没有以硅及其化合物为原料制出的芯片和光导纤维，我们的生活就不会像现在这样丰富多彩。

生活处处有化学。人类的衣、食、住、行离不开物质。这些物质有的是天然存在的，如我们喝的水、呼吸的空气；有的是由天然物质改造而成的，如我们吃的酱油、喝的酒，是由粮食加工并经过进一步化学处理得到的。更多的物质不是天然生成的，而是用化学方法由人工合成的，如化肥、农药、塑料、合成橡胶、合成纤维等，它们形形色色、无所不在。我国著名化学前辈杨石先生说："农、轻、重、吃、穿、用，样样都离不开化学。"没有化学创造的物质文明，就没有人类的现代生活。

二、化学的发展

化学与人类进步和社会发展的关系非常密切。从初始用火的原始社会，到使用各种人造物质的现代社会，人类一直在享用化学成果。人类的生活水平能够不断提高，化学在其中起了重要的作用。

古时候，原始人类为了生存，在与自然界的种种灾难进行抗争中，发现并利用了火。原始人类从用火之时开始，由野蛮进入文明，同时也开始了用化学方法认识和改造天然物质。燃烧就是一种化学现象。火的使用是人类第一次伟大的化学实践。在古代，人类利用火这个强大的自然力，逐渐掌握了制陶、金属冶炼、制造瓷器与玻璃、酿造等实用化学技术。我国汉代(公元前一百多年)的点金术和炼丹术被称为近代化学的先驱。8世纪末，炼丹术通过海外通商传到波斯(今伊朗)，再传入欧洲。14～16世纪的文艺复兴迎来了自然科学的解放和繁荣，炼金术开始向实用的医药化学和工艺化学方面发展，化学从此成为一门真正独立的科学。从17世纪后半叶到19世纪末，科学元素论和经典原子分子论相继提出，门捷列夫发现化学元素周期律，古尔德贝格和瓦格提出化学反应的质量作用定律，化学研究实现了从经验到理论的重大飞跃，形成了比较完整的化学理论体系，之后相继建立了无机化学、有机化学、分析化学和物理化学四大化学基础学科。从20世纪开始，化学在理论、研究方法、实验技术和应用方面都发生了深刻的变化，又衍生出许多新的分支，如高分子化学、生物化学和分子生物学等。同时，化学在其发展过程中还与其他学科相互渗透、相互融合、相互交叉，形成了多个交叉学科和边缘学科，如医学化学、药物化学、环境化学和计算化学等。

20世纪生命化学的崛起给古老的生物学注入了新的活力，人们在分子水平上为破解生命的奥秘打开了一个又一个通道。从20世纪初开始的生物小分子(如单糖、叶绿素、维生素等)到后来的生物大分子(多糖、蛋白质、核酸)的化学研究，先后有28项成果获得诺贝尔奖。

特别是1953年DNA分子双螺旋结构模型的提出，给整个生命科学带来了一场深刻的革命。在研究生命现象的领域里，化学不仅提供了技术和方法，而且提供了理论。20世纪50年代以后，化学逐渐成为一门中心学科。

作为20世纪的时代标志，人类开始掌握和使用核能。放射化学和核化学等分支学科相继产生，并迅速发展；同位素地质学、同位素宇宙化学等交叉学科接踵诞生。在电子技术、核工业、航天技术等现代工业技术的推动下，各种超纯物质、新型化合物和特殊材料的生产技术都得到了较大发展。各种高分子材料的合成和应用，为现代工农业、交通运输、医疗卫生、军事技术，以及人们衣食住行各方面提供了多种性能优异而成本较低的重要材料，成为现代物质文明的重要标志。高分子工业发展成为化学工业的重要支柱。

20世纪末，国际纯粹与应用化学联合会提出："化学是21世纪的中心学科"。化学的研究成果为生命科学、医药学、环境科学、材料科学等学科的进步提供了极大的帮助，对推动社会的发展和人类文明的进程起着重要的作用。

20世纪以来，化学发展的趋势可以归纳为由宏观向微观、由定性向定量、由稳定态向亚稳定态，由经验逐渐上升到理论，再用于指导设计和开创新的研究。化学的发展：一方面，为生产和技术部门提供了尽可能多的新物质、新材料；另一方面，在与其他自然科学相互渗透的进程中不断产生新学科，并向探索生命科学和宇宙起源的方向发展。

知识链接　我国化学家在化学研究中取得的重要成果

我国的化学科学在基础研究、应用研究和开发等方面都取得了重要的研究成果。在基础研究方面，对配位场理论的研究和对分子轨道图形理论方法及其应用的研究取得了重大突破；1965年人工全合成的牛胰岛素，是世界上第一个人工合成的、具有生理活性的蛋白质，胰岛素人工合成的成功为我国蛋白质的基础研究和实际应用开辟了广阔的前景；1980年人工全合成的酵母丙氨酸转移核糖核酸，是世界上首次人工合成的核糖核酸，这项研究带动了多种核酸类药物包括抗肿瘤药物、抗病毒药物的研制和应用。

20世纪50年代以来，我国的化学科学在应用研究和开发领域取得了丰硕成果。例如，20世纪50年代初对抗生素药物的研究与开发，结束了我国不能生产青霉素、链霉素类抗生素药物的历史；70年代初，对花生四烯酸的氧化代谢物(前列腺素等)和昆虫信息素的合成研究取得创造性进展；70年代，开展了对新一代抗疟药物——青蒿素的全合成研究，2015年我国女科学家屠呦呦荣获诺贝尔生理学或医学奖；90年代末，树脂糖苷的全合成和具有高抗癌活性的甾体皂苷的合成达到国际领先水平；关于金属配合物中多重键的反应性研究达到了世界领先的水平，获得2006年国家自然科学奖一等奖。

然而，化学在推动现代工业的发展并极大地丰富人们生活的同时，也对环境产生了负面的影响。全球生态危机日益严重：酸雨大肆扩散，臭氧层不断破坏，形成温室效应的气体逐渐增加等。工厂废气导致酸雨、汽车尾气造成的光化学烟雾等严重危害了人们的身体健康。维护生态平衡、减轻环境污染成为当前最热门的话题。

展望未来，化学科学不仅将在能源和资源的合理开发、安全应用方面大显身手，也将为环境问题的解决提供有力保障。依靠化学知识，可以为治理环境问题找到快速有效的检测方法，并提出防治措施；利用化学方法，可以制造出对环境无害的化学品和生活用品，减少对环境的污染。化学科学可以让研究人员在分子水平上了解疾病的病理，寻求有效的防治措施，促进人类的身心健康。现代化学，作为一门"中心科学"，正在以崭新的观念和方式，与国计民生的各个方面密切联系，使人们的生活更加健康、安全、幸福。

第2节　学习化学的方法

一、初中化学知识总结与回顾

(一) 物质的变化与性质

1. 物质的变化分为物理变化和化学变化　物理变化是指没有生成新物质的变化；化学变化是指生成了新物质的变化。两者的根本区别就在于有没有新物质生成。

2. 物质的性质分为物理性质和化学性质　物理性质是指不需要发生化学变化就表现出来的性质(如颜色、状态、密度、气味、熔点、沸点、硬度、溶解度等)；化学性质是指物质在化学变化中表现出来的性质(如可燃性、助燃性、氧化性、还原性、酸碱性、稳定性等)。

(二) 物质的分类

物质的分类是指根据对象的性质、特征等对其进行分类。

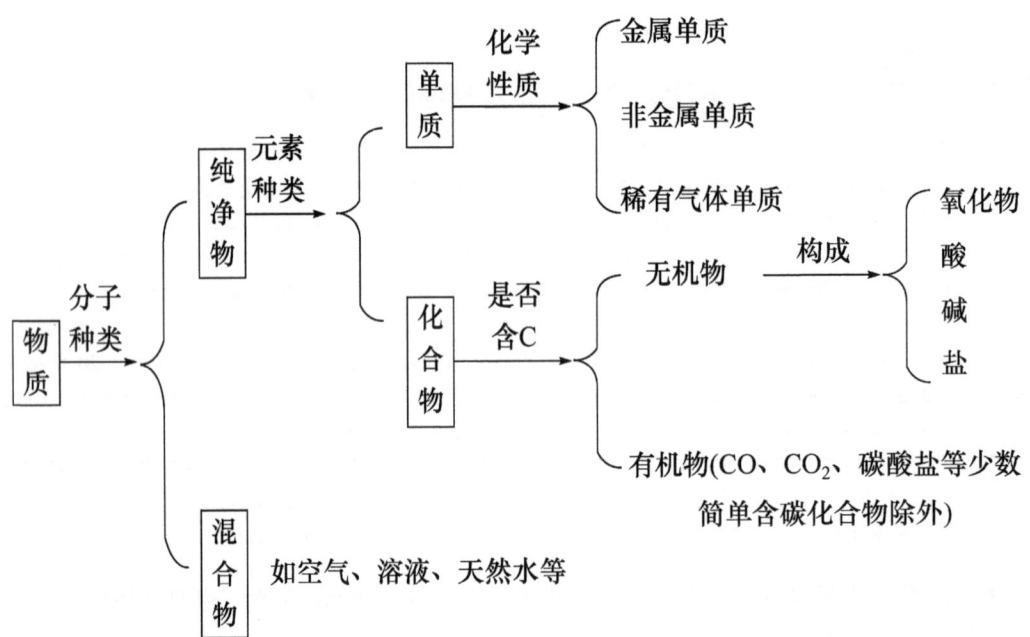

(三) 化学反应基本类型

1. 化合反应　由两种或两种以上物质生成一种物质的反应。

如：$A + B == AB$，$S + H_2 \xrightarrow{\text{点燃}} H_2S$

2. 分解反应　由一种物质生成两种或两种以上其他物质的反应。

如：$AB == A + B$，$2KClO_3 \xrightarrow[\triangle]{MnO_2} 2KCl + 3O_2\uparrow$

3. 置换反应　由一种单质和一种化合物起反应，生成另一种单质和另一种化合物的反应。

如：A + BC ══ AC + B，2Na + 2H$_2$O ══ 2NaOH + H$_2$↑

4. 复分解反应 由两种化合物相互交换成分，生成另外两种化合物的反应。

如：AB + CD ══ AD + CB，NaCl + AgNO$_3$ ══ NaNO$_3$ + AgCl↓(白色)

5. 氧化还原反应

(1) 氧化反应：物质跟氧发生的化学反应(不属于化学的基本反应类型)。

(2) 还原反应：在反应中，含氧化合物的氧被夺去的反应(不属于化学的基本反应类型)。

(四) 物质结构

1. 元素 具有相同核电荷数(即质子数)的同一类原子的总称。

2. 原子 是化学变化中的最小粒子，在化学变化中不可再分。

3. 分子 是保持物质化学性质的最小粒子，在化学变化中可以再分。

4. 原子结构

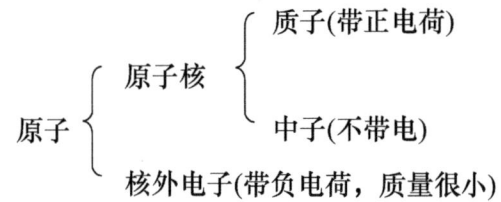

原子中：核电荷数=质子数=核外电子数=原子序数

原子质量主要集中在原子核上，电子的质量约为质子或中子质量的1/1836。质子的质量和中子的质量几乎相等。

注意：①不是所有原子都有中子；②质子数不一定等于中子数。

5. 原子量 某元素1个原子的平均质量与标准原子质量单位[^{12}C 原子质量的 1/12，$1.6605402×10^{-27}$ kg]的比值。对自然界存在的元素，按各同位素丰度权重而取平均值，所得的数值称为元素的原子量。

原子量=质子数+中子数

6. 离子 带有电荷的原子或原子团。带正电的离子叫阳离子；带负电的离子叫阴离子。

离子中：质子数=核电荷数=核外电子数±失(或得)电子数

(五) 基本概念

1. 化学式 用元素符号、数字等符号来表示物质化学组成的式子。

2. 化合价 由一定元素的原子构成的化学键的数量。

化合价与原子最外层电子数密切相关；在化合物里，各元素正负化合价代数和为零；单质中元素的化合价规定为零价。

3. 质量守恒定律 参加化学反应的各物质的质量总和，等于反应后生成物质的质量总和(反应的前后，原子的数目、种类、质量都不变；元素的种类也不变)。

4. 化学方程式 用化学式来表示化学反应的式子。

书写化学方程式的依据是质量守恒定律。

书写化学方程式的步骤：正确书写反应物和生成物的化学式→配平方程式→标明反应条件和生成物的状态。

5. 溶液 一种或几种物质分散到另一种物质里，形成均一的、稳定的混合物。

溶液由溶剂和溶质组成。溶质可以是固体、液体或气体；固体、气体溶于液体时，固体、气体是溶质，液体是溶剂；两种液体互相溶解时，量多的一种是溶剂，量少的是溶质；当溶液中有水存在时，不论水的量有多少，我们都习惯把水当成溶剂，其他的当作溶质。

二、学习化学的方法

化学是以实验为基础的学科。学习化学不仅要注重化学实验，掌握化学基本知识、基本理论和基本技能，还要重视训练科学研究方法，提高分析问题和解决问题的能力。学习时要把化学理论与社会生活、生产等实际紧密联系，细心观察，善于发现和提出问题。除了学习教材中的内容外，还应多阅读课外读物，培养自学能力，以获取更多的知识。学好化学，要努力做到以下三点：

一要培养浓厚的学习兴趣。只有对学习产生兴趣，自觉地进入学习状态，才能取得较好的学习效果。要把学习兴趣与理想和奋斗目标结合起来。一方面要使自己的理想具有明确的近期目标，从而脚踏实地完成当前的各项学习任务；另一方面要为自己的理想树立远大目标，从而执着地追求人生的未来。这样，学习兴趣就会越来越浓，最终实现从"苦学"到"乐学"的转变。

二要养成良好的学习习惯。要合理利用时间，注意"专心、用心、恒心"等基本素质的培养，要养成计划学习的习惯，专时专用、讲求效益的习惯，认真观察、独立钻研的习惯，主动学习、善于思考的习惯及合理把握学习过程的习惯。

三要掌握科学的学习方法。科学的学习方法一般包括制订计划、课前预习、专心上课、及时复习、独立作业、解决疑难、系统小结、课外学习八个环节。只有掌握良好的学习方法，才能最大限度地发挥学习的主动性，高效率地培养和发展自学能力，高质量地掌握基础知识和基本技能，从而全面开发智力，成为学习的主人。

化学世界奥妙无穷，只要积极主动，努力培养对化学的兴趣，养成良好的学习习惯，掌握适合自己的科学学习方法，就一定能学好化学课程，为学习后续课程打下坚实的基础。

简答题

1. 请举例说明化学与我们日常生活的关系。
2. 请结合自身实际，谈谈如何学好化学知识。

(项 岚)

第2章 物质的结构分析

自然界的物质种类繁多,其性质各不相同。物质的性质与它们的内部结构有着密切的关系。要了解物质的性质及其变化规律,就要先了解物质的结构。本章主要介绍有关物质结构分析的基础知识。

情景导入

地理环境中元素分布的不平衡是人类患地方病的根本原因。克山病、大骨节病与硒缺乏有关;地方性甲状腺肿和地方性克汀病(又名呆小病)是缺碘引起的;饮用水或食物中的氟含量过高导致地方性氟中毒。

问题: 1. 微量元素与人体健康关系,你还了解多少?
2. 元素的结构与性质关系怎样?

第1节 原子结构

一、原子的组成和同位素

(一) 原子的组成

1911年,英国物理学家卢瑟福通过实验提出了原子行星模型,即每个原子中心都有一个带正电荷的原子核,核外有若干个带负电荷的电子绕核高速旋转,核外电子数取决于原子核的正电荷数。20世纪初,通过人工核裂变发现原子核是由质子和中子组成,质子带正电荷,电量与一个电子所带的负电荷量相等,中子不带电。因此可知原子中:

核电荷数 = 核内质子数 = 核外电子数

不同的元素具有不同的核电荷数,根据核电荷数从小到大的排序给元素依次编号,所编的序号称为元素的**原子序数**。因此:

原子序数 = 核电荷数 = 核内质子数 = 核外电子数

原子的质量主要集中在原子核上。质子和中子的相对质量分别为1.007和1.008,均取近似整数值1。电子的质量很小,其相对质量仅为0.0005,可忽略不计。把原子核内所有的质子和中子的相对质量求和取近似整数值所得的数值称为**质量数**。质量数用 A 表示,质子数用 Z 表示,中子数用 N 表示,则:

质量数 = 质子数+中子数

$$A=Z+N$$

如以 $_Z^A X$ 代表一个质量数为 A、质子数为 Z 的原子，则组成原子的粒子间的关系可以表示为：

$$原子\,_Z^A X \begin{cases} 原子核 \begin{cases} 质子Z个 \\ 中子(A-Z)个 \end{cases} \\ 核外电子Z个 \end{cases}$$

（二）同位素

元素是具有相同核电荷数（质子数）的同一类原子的总称。同种元素原子的核电荷数（质子数）相同，但中子数不一定相同。例如，氢元素有三种原子，如表 2-1 所示。

表 2-1　氢元素的三种原子列表

名称	原子符号	核电荷数	质子数	中子数	质量数
氕	$_1^1H$ 或 H	1	1	0	1
氘	$_1^2H$ 或 D	1	1	1	2
氚	$_1^3H$ 或 T	1	1	2	3

从表 2-1 中可以看出，氢元素的三种原子都含有 1 个质子，但中子数各不相同。像这种质子数相同而中子数不同的同种元素的不同原子互称为**同位素**。

很多元素都有同位素。上述 $_1^1H$、$_1^2H$、$_1^3H$ 是氢的三种同位素，其中 $_1^2H$、$_1^3H$ 是制造氢弹的材料；碳元素有 $_6^{12}C$、$_6^{13}C$、$_6^{14}C$ 三种同位素，其中 $_6^{12}C$ 就是作为原子量基准的碳原子，而 $_6^{14}C$ 具有放射性，常用来测定化石的年代。目前已发现的 118 种元素中，同位素已超过 3000 种。

同一元素的各种同位素虽然中子数和质量数不同，但其核电荷数、质子数、核外电子数相同，故其化学性质几乎完全相同。在天然存在的元素中，不论是游离态还是化合态，同位素原子所占的百分比一般是不变的。同位素在现代科学中有广泛的用途。

知识链接　　放射性同位素与医学

放射性同位素会从原子核中放射出有穿透力的粒子束（其本身转变成新的元素）。这些粒子束，称为放射线，如α射线、β射线和γ射线等。α射线的穿透力最差，β射线的穿透力比α射线强一些，γ射线的穿透力极强。在医院里，放射线常用于人体某些疾病的治疗和诊断等。如人们常说的"放疗"，就是以放射性同位素为放射源，用高能量的放射线在体外靠近恶性肿瘤的部位进行照射，杀伤体内的癌细胞以治疗癌症；给患者注射含有放射性 $_{53}^{131}I$ 的药物，然后定时用探测器探测甲状腺及附近组织的放射强度，有助于诊断甲状腺疾病；用 $_6^{14}C$ 作为示踪原子来研究药物在体内的代谢和吸收过程等。目前，放射性同位素扫描已成为诊断脑、肝、肾等脏器病变的一种简便、安全、可靠的方法。

二、原子核外电子的排布规律

通常用较简单的原子结构示意图和电子式两种方式表示原子核外电子排布规律。

(一)原子结构示意图

原子结构示意图就是用小圆圈表示原子核，+X 表示核电荷数，弧线表示电子层，弧线上的数字表示该层的电子数，如图 2-1 与图 2-2 所示。

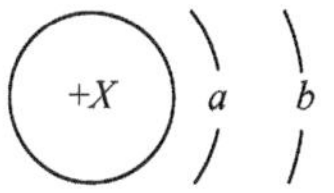

图 2-1　原子结构示意图 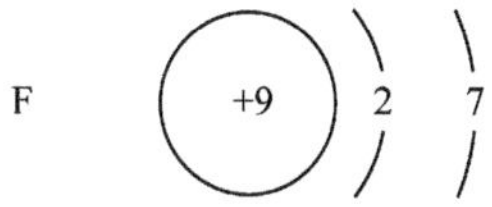　　　　　　　　图 2-2　氟的原子结构示意图

原子核外电子排布的规律如下：

1. 各电子层最多容纳的电子数目是 $2n^2$。例如，第 1 层($n=1$)最多容纳 2 个电子；第 2 层($n=2$)最多容纳 8 个电子；第 3 层($n=3$)最多容纳 18 个电子。
2. 最外层电子数目不超过 8 个(K 层为最外层时不超过 2 个)。
3. 次外层的电子数目不超过 18 个。

1~20 号元素的原子结构示意图如图 2-3 所示。

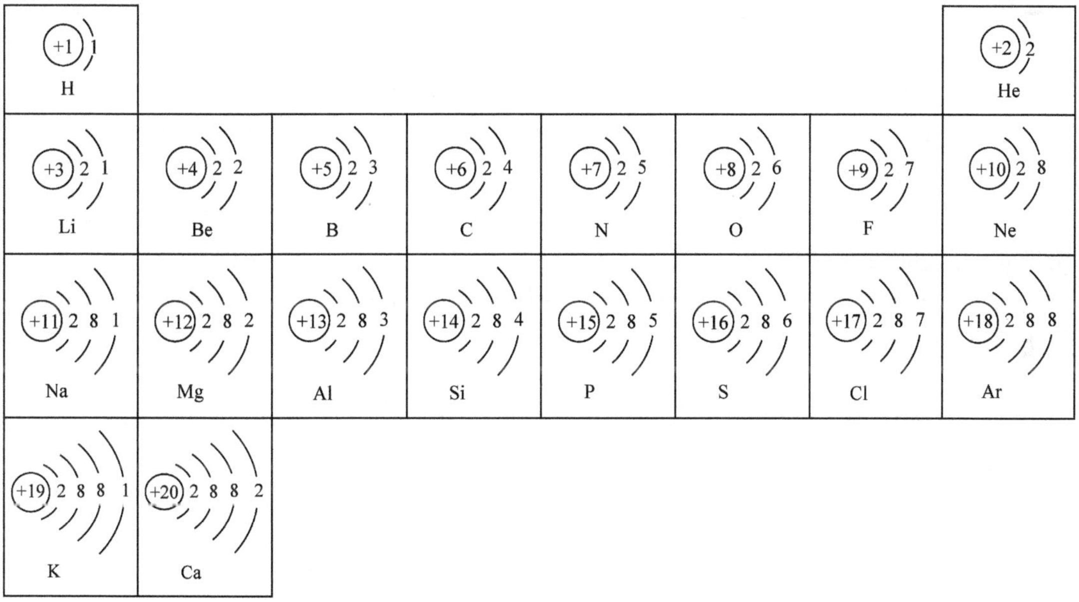

图 2-3　1~20 号元素的原子结构示意图

(二)电子式

在元素符号周围用"·"或"×"表示原子最外层电子的化学式称为**电子式**。如：

·Mg·　　　　　　　　·P·

注意：写电子式时，先写出元素符号，在元素符号周围用小圆点"·"或小叉"×"表示原子核外最外层的电子数。原子核和除最外层的其他层的电子以元素符号代替。第 11~18 号元素原子的电子式如下：

Na·	·Mg·	·Al·	·Si·	·P·	·S·	:Cl·	:Ar:
钠原子	镁原子	铝原子	硅原子	磷原子	硫原子	氯原子	氩原子

【课堂互动】

1. 指出 11 号元素钠的原子序数、核电荷数、质子数和核外电子数。
2. 分别指出 $^{12}_{6}C$ 和 $^{238}_{92}U$ 中的质量数、质子数、中子数、核外电子数。
3. 写出 1～10 号元素的原子结构示意图和电子式。

第 2 节　元素周期律和元素周期表

一、元素周期律

经过长期的社会实践，人们发现自然界的各元素之间存在相互联系和内部规律。为了认识这些规律，我们将从元素原子的核外电子排布、原子半径、元素的化合价、元素的金属性和非金属性等方面进行讨论(表 2-2)。

(一) 原子核外电子排布的周期性变化

原子序数从 3～10 的元素，即从锂到氖，有 2 个电子层，最外层电子数从 1 个递增到 8 个，达到稳定结构。

原子序数从 11～18 的元素，即从钠到氩，有 3 个电子层，最外层电子数也是从 1 个递增到 8 个，达到稳定结构。

如果对 18 号以后的元素继续研究，也会发现同样的规律：随着原子序数的递增，元素原子的最外层电子排布呈现周期性变化。

表 2-2　元素性质的周期性变化

原子序数	元素名称	元素符号	最外层电子数	原子半径(10^{-10}m)	最高正、负化合价		金属性和非金属性
3	锂	Li	1	1.52	+1		活泼金属元素
4	铍	Be	2	0.89	+2		金属元素
5	硼	B	3	0.82	+3		不活泼非金属元素
6	碳	C	4	0.77	+4	−4	非金属元素
7	氮	N	5	0.75	+5	−3	活泼非金属元素
8	氧	O	6	0.74		−2	很活泼非金属元素
9	氟	F	7	0.71		−1	最活泼非金属元素
10	氖	Ne	8	—	0		稀有气体
11	钠	Na	1	1.86	+1		很活泼金属元素
12	镁	Mg	2	1.60	+2		活泼金属元素
13	铝	Al	3	1.43	+3		金属元素
14	硅	Si	4	1.17	+4	−4	不活泼非金属元素

续表

原子序数	元素名称	元素符号	最外层电子数	原子半径(10^{-10}m)	最高正、负化合价		金属性和非金属性
15	磷	P	5	1.10	+5	−3	非金属元素
16	硫	S	6	1.02	+6	−2	活泼非金属元素
17	氯	Cl	7	0.99	+7	−1	很活泼非金属元素
18	氩	Ar	8	—	0		稀有气体

(二) 原子半径的周期性变化

从 Li 到 F，原子半径从 $1.52×10^{-10}$m 递减到 $0.71×10^{-10}$m，从 Na 到 Cl，原子半径从 $1.86×10^{-10}$m 递减到 $0.99×10^{-10}$m。从表 2-2 可以看出，在同一周期中，从左到右，随着原子序数的递增，原子半径逐渐变小，即随着原子序数的递增，原子半径呈现出周期性的变化。

(三) 元素主要化合价的周期性变化

以第 2 周期和第 3 周期为例，在同一周期里(第 1 周期除外)，从左到右，最外层电子数都是从 1 增加到 7(稀有气体达到 8 个电子的稳定结构)，所以元素的最高正化合价也是周期性地从+1 逐渐递变到+7(氧、氟除外)。非金属元素的负化合价是从−4 依次变到−1，且非金属元素的最高正化合价与负化合价的绝对值之和等于 8。所以，元素的化合价也是随着原子序数的递增而呈现出周期性的变化。

(四) 元素的金属性和非金属性的周期性变化

元素的金属性是指元素的原子失去电子成为阳离子的能力。某元素的原子越容易失去电子，该元素的金属性就越强；**元素的非金属性**是指元素的原子得到电子成为阴离子的能力。某元素的原子越容易得到电子，该元素的非金属性就越强。从表 2-2 中可以看出，自左而右，从锂到氟或从钠到氯，随着原子序数的递增，元素的金属性逐渐减弱，非金属性逐渐增强。即元素的金属性和非金属性都随着原子序数的递增而呈现出周期性的变化。

综上所述：元素的性质随着原子序数的递增而呈现出周期性变化的规律。这个规律，称为**元素周期律**。

二、元素周期表

根据元素周期律，科学家将已知的元素中电子层数相同的元素，按原子序数递增的顺序，从左到右排成横行；再把不同横行中，最外层电子数相同的元素，按电子层数递增的顺序从上到下排成竖行，这样制成的一张表就称为**元素周期表**。

(一) 元素周期表的结构

1. 周期 把电子层数相同的元素，按原子序数递增的顺序从左到右排列的一个横行，称为 1 个周期。

元素周期表有 7 个横行，每个横行为 1 个周期，依次用 1、2、3、4、5、6、7 表示。**周期的序数就是该周期元素具有的电子层数**。各周期里元素的数目不一定相同，含元素数目较少的第 1、2、3 周期称为短周期；含元素数目较多的第 4、5、6、7 周期称为长周期。为了不使元素周期表的横行过长，将元素周期表中的镧系元素($_{57}$La～$_{71}$Lu)和锕系元素($_{89}$Ac～

$_{103}$Lr)另列于元素周期表的下方。

2. 族　元素周期表中有 18 个纵行,其中第 8、9、10 三个纵行称为Ⅷ族。第 18 纵行由稀有气体组成,这一族元素化学性质不活泼,化合价通常为零,称为 0 族。其余 14 个纵行,每一个纵行为一族,分为 7 个主族和 7 个副族,由短周期和长周期元素共同构成的族称为**主族**,符号为 A,序数用罗马数字表示,如ⅠA、ⅡA……ⅦA;主族元素的族序数=元素原子最外层的电子数。只由长周期元素构成的族称为**副族**,符号为 B,序数用罗马数字表示,如ⅠB、ⅡB……ⅦB。通常把Ⅷ族和全部副族元素称为过渡元素。

元素周期表中有 7 个主族、7 个副族、1 个Ⅷ族和 1 个 0 族,共 16 个族。

(二) 元素性质的递变规律

1. 同周期元素性质的递变规律　在同一周期中(第 1 周期除外),各元素的原子核外电子层数相同,从左到右,随着原子序数的递增,原子半径逐渐减小,失电子能力逐渐减弱,得电子能力逐渐增强,因而金属性逐渐减弱,非金属性逐渐增强。

$$(左)\xrightarrow[\text{金属性逐渐减弱,非金属性逐渐增强}]{\text{Na　Mg　Al　Si　P　S　Cl}}(右)$$

【演示实验 2-1】　取一个烧杯,加入 30ml 水,滴入 2 滴酚酞试液,加入一小粒钠(用滤纸吸干表面的煤油),观察现象;另取一支试管,加入 3ml 水,滴入 2 滴酚酞试液,加入少量镁粉,观察现象。将加入镁粉的试管加热至沸腾,再观察现象。

【演示实验 2-2】　取一小片铝和一小块镁,用砂纸擦去表面的氧化膜,分别投入盛有 2ml 1mol/L 盐酸的两个试管中,再观察现象。

实验表明:钠跟冷水能发生剧烈反应。镁跟冷水不易反应,但加热后能反应而产生大量的气体。证明钠的金属性比镁强。

铝和镁都能跟盐酸反应,但镁的反应更剧烈些。证明镁的金属性比铝强。

由此可知,在同一周期中,自左而右,从 11 号元素钠、12 号元素镁到 13 号元素铝,随着原子序数的递增,其金属性依次减弱。

【演示实验 2-3】　取 3ml 0.5mol/L $AlCl_3$ 溶液于试管中,逐滴加入 3mol/L NaOH 溶液,至产生大量氢氧化铝的白色絮状沉淀为止。将沉淀分为两份,并分别加入 3mol/L H_2SO_4 和 6mol/L NaOH 溶液,观察现象。

实验表明:两支试管中的白色沉淀都消失了,这说明氢氧化铝既能与硫酸反应,也能与氢氧化钠反应。像这种既能跟酸起反应,又能跟碱起反应的氢氧化物称为两性氢氧化物。

$$AlCl_3 + 3NaOH = Al(OH)_3\downarrow + 3NaCl$$
$$2Al(OH)_3 + 3H_2SO_4 = Al_2(SO_4)_3 + 6H_2O$$
$$Al(OH)_3 + NaOH = NaAlO_2 + 2H_2O$$

硅是半导体,元素硅也具有两性。硅的最高价氧化物 SiO_2 对应的水化物是硅酸(H_2SiO_3),硅酸是极弱的酸。磷的最高价氧化物为 P_2O_5,其对应的水化物磷酸(H_3PO_4)是中强酸。硫酸(H_2SO_4)是人们熟知的强酸。而高氯酸($HClO_4$)是已知酸中最强的酸之一。这一切都表明由硅(Si)到氯(Cl)非金属性逐渐增强。实际上,硅的非金属性很弱,磷是典型的非金属元素,硫和氯都是活泼非金属元素。

综上所述，我们可以得出以下结论：在同一周期中，自左向右，元素的金属性逐渐减弱，非金属性逐渐增强。

2. 同主族元素性质的递变规律　在同一主族中，各元素原子的最外层电子数相同，自上而下电子层数逐渐增多，原子半径逐渐增大，失电子能力逐渐增强，得电子能力逐渐减弱。因而，元素的金属性逐渐增强，非金属性逐渐减弱。

$$（上）\xrightarrow[\text{金属性逐渐增强，非金属性逐渐减弱}]{\text{Li Na K Rb Cs Fr}}（下）$$

【演示实验 2-4】　在一个 100ml 烧杯中加入 20ml 水，然后取绿豆大小的钾，用滤纸吸干表面的煤油，投入烧杯中，观察现象，并与【演示实验 2-1】比较。反应完毕后，向烧杯中滴入几滴酚酞试液，观察溶液的颜色变化。

实验表明：同钠一样，钾也能与水反应，生成氢气和氢氧化钾。但钾与水的反应比钠与水的反应更剧烈，反应放出的热可以使生成的氢气燃烧，并发生轻微的爆炸，因此证明钾的金属性比钠更强。

$$2K+2H_2O=\!=\!=2KOH+H_2\uparrow$$

【演示实验 2-5】　取三支试管，分别加入 0.1mol/L NaBr 溶液、0.1mol/L KI 溶液和 0.1mol/L NaCl 溶液各 10 滴，观察其颜色。然后第 1 支试管中加入 5 滴氯水；第 2 支试管中先加入 5 滴溴水，再加入少量淀粉溶液；第 3 支试管中加入 5 滴溴水，振荡试管后，观察溶液颜色是否发生变化。

实验表明：在 NaBr 溶液中加入氯水后，溶液颜色变为红棕色，说明有溴单质被置换出来。在 KI 溶液中加入溴水及淀粉溶液后，溶液变为蓝色，说明有 I_2 产生。但是在 NaCl 溶液中加入溴水无颜色变化，说明 Br_2 的活泼性不如 Cl_2。由此可见，同主族非金属元素从上到下活泼性依次降低，非金属性依次降低。

$$2NaBr+Cl_2=\!=\!=2NaCl+Br_2$$
$$2KI+Cl_2=\!=\!=2KCl+I_2$$

综上所述，我们可以得出以下结论：在同一主族中，自上而下，元素的金属性逐渐增强，非金属性逐渐减弱。

(三)元素周期表的应用

元素周期表是元素周期律的具体表现形式，它反映了元素间相互联系和变化的规律，通过元素周期表，可以了解关于元素的名称、元素符号、原子量、原子序数等信息。

根据主族元素的性质递变规律，在周期表中，非金属元素集中在右上部分，金属元素集中在左下部分，在硼、硅、砷、碲、砹与铝、锗、锑、钋之间画一条虚线，这就是金属元素和非金属元素的分界线(图 2-4)。虚线左面是金属元素，右面是非金属元素。位于分界线附近的元素既表现某些金属的性质，又表现某些非金属的性质。

人们根据元素性质的周期性变化，对元素进行分类研究，推测元素及其单质、化合物的性质。由于在周期表中位置靠近的元素性质相似，这就启发人们在周期表中一定的区域内寻找新的物质。例如，农药多数是含 Cl、P、S、N、As 等元素的化合物，半导体材料都是元素周期表里金属与非金属交界处的元素等。

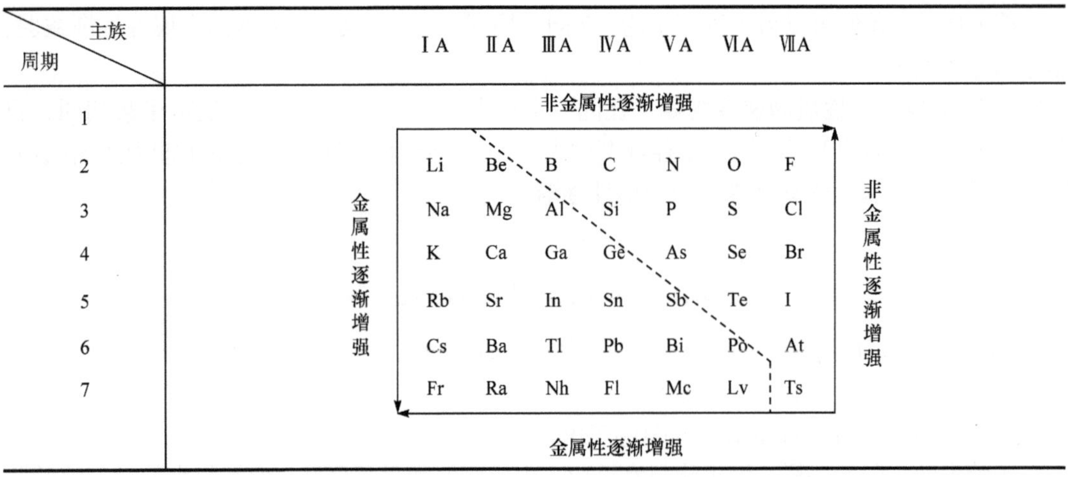

主族 周期	ⅠA	ⅡA	ⅢA	ⅣA	ⅤA	ⅥA	ⅦA	
1			非金属性逐渐增强 →					
2	Li	Be	B	C	N	O	F	
3	Na	Mg	Al	Si	P	S	Cl	非金属性逐渐增强
4	K	Ca	Ga	Ge	As	Se	Br	
5	Rb	Sr	In	Sn	Sb	Te	I	
6	Cs	Ba	Tl	Pb	Bi	Po	At	
7	Fr	Ra	Nh	Fl	Mc	Lv	Ts	

(左侧：金属性逐渐增强；下方：金属性逐渐增强)

图 2-4　金属元素和非金属元素的划分及元素性质的变化规律

【课堂互动】

1. 画出第 17 号元素 Cl 原子的结构示意图，指出它在元素周期表的位置；判断它是金属元素还是非金属元素。
2. 某元素位于元素周期表的第三周期第ⅠA族，判断其结构及性质。

知识链接　　　　　　　　元素周期表的发现

19世纪60年代，化学家已经发现了60多种元素。俄国著名化学家门捷列夫和德国化学家迈锡尼等发现元素性质随相对原子质量的递增呈明显的周期变化规律。1868年，门捷列夫经过多年的艰苦探索发现了自然界中一个极其重要的规律——元素周期律。1869年，门捷列夫提出第一张元素周期表，根据周期律修正了部分元素的相对原子质量；他还预言了3种新元素及其特性并暂时取名为类铝、类硼、类硅，这就是1871年发现的镓、1880年发现的钪和1886年发现的锗。这些新元素的相对原子质量、密度和物理及化学性质都与门捷列夫的预言惊人相符。元素周期律的发现是化学系统化过程中的一个重要里程碑。

第3节 化 学 键

原子能结合成分子说明原子之间存在着相互作用。化学上，把这种**物质中相邻的原子或离子间强烈的相互作用称为化学键**。根据相互作用的方式不同，化学键分为离子键、共价键和金属键。本章介绍离子键和共价键。

一、离 子 键

阴阳离子间通过静电作用所形成的化学键叫离子键。以氯化钠(NaCl)为例说明离子键的形成。钠原子最外层只有1个电子，倾向于失去1个电子，形成8电子稳定结构；氯原子最外层有7个电子，倾向于得到1个电子形成8电子稳定结构。钠原子将1个电子给氯原子后，它们分别变为带1个正电荷的钠离子和带1个负电荷的氯离子，钠离子和氯离子在静电作用下形成离子键。其过程用电子式表示如下：

$$Na^\times + :\overset{..}{\underset{..}{Cl}}\cdot \longrightarrow Na^+\left[\overset{..}{\underset{..}{\overset{}{\times}Cl}}:\right]^-$$

通常，活泼的金属（ⅠA和ⅡA族元素，如Na、K、Mg、Ca等）容易失去电子形成阳离子，活泼的非金属（ⅥA和ⅦA族元素，如O、S、F、Cl等）容易得到电子形成阴离子，它们之间化合时，一般形成离子键。如氟化钙（CaF₂）、氧化钾（K₂O）的离子键形成如下：

$$:\overset{..}{\underset{..}{F}}\cdot + \times Ca^\times + \cdot\overset{..}{\underset{..}{F}}: \longrightarrow \left[:\overset{..}{\underset{..}{F}}\times\right]^- Ca^{2+} \left[\times\overset{..}{\underset{..}{F}}:\right]^-$$

$$K^\times + \cdot\overset{..}{\underset{..}{O}}\cdot + \times K \longrightarrow K^+\left[\cdot\overset{..}{\underset{..}{O}}\times\right]^{2-} K^+$$

以离子键结合而成的化合物称为离子化合物。例如，NaCl、MgCl₂、CaO、CaF₂等都是离子化合物。在离子化合物中，离子的化合价就是该离子具有的电荷数。如 Na⁺、K⁺是+1价，Ca²⁺、Mg²⁺是+2价，F⁻、Cl⁻是-1价，O²⁻、S²⁻是-2价。

在离子化合物中，离子间存在着强烈的静电作用（即离子键），因此，离子化合物有较高的熔点和沸点，硬度也较大。高温下，由于离子键受热被破坏，离子可以自由运动，故离子化合物受热熔化时可以导电。当离子化合物溶于水时，在水分子的作用下，离子键被破坏而形成自由移动的离子，故离子化合物溶于水也能导电。

二、共 价 键

原子间通过共用电子对形成的化学键叫共价键。以氢气（H₂）为例说明共价键的形成。两个氢原子形成氢分子时，由于两个氢原子得到和失去电子的倾向一样，每个氢原子提供一个电子与对方共用，形成共用电子对，两个氢原子间通过共用电子对形成共价键。其过程用电子式表示如下：

$$H^\times + \cdot H \longrightarrow H^\times_\times H$$

通常，活泼的非金属元素之间形成化合物时，一般是以共价键的形式结合，如O₂、HCl、H₂O等。

共价键中的共用电子对也可用短线表示。用短线表示分子结构中共用电子对的化学式称为结构式。如：

$$H^\times + \cdot\overset{..}{\underset{..}{Cl}}: \longrightarrow H^\times\overset{..}{\underset{..}{Cl}}: \quad 或 \quad H—Cl$$

$$H^\times + \cdot\overset{..}{\underset{..}{O}}\cdot + \times H \longrightarrow H^\times\overset{..}{\underset{..}{O}}\times H \quad 或 \quad H—O—H$$

通过共价键结合形成的化合物称为共价化合物。例如，HCl、H₂O、CH₄等都是共价化合物。

需要注意的是，在一些离子化合物中，可以同时存在离子键和共价键。如化合物 NaOH 中，Na⁺与OH⁻之间以离子键结合，而H和O之间则以共价键结合。

> **知识链接**　　配位键
>
> 在一些化合物中，还存在一种特殊的共价键。这种共价键中的共用电子对是由其中 1 个原子单方面提供而与另一个原子共用的，这种共价键称为配位键。例如，NH_3 分子和 H^+ 形成 NH_4^+ 时，由于 NH_3 分子中 N 原子与 3 个 H 原子形成共价键后，还有 1 对未共用的电子对(也称孤对电子)，而 H^+ 核外没有电子(裸露的氢核)，这样 NH_3 分子中的 N 原子就可以提供 1 对电子与 H^+ 共用，形成配位键。用电子式可表示为
>
> $$H \overset{..}{\underset{\underset{H}{\times}}{\overset{\times}{N}}} H + H^+ \longrightarrow \left[H \overset{..}{\underset{\underset{H}{\times}}{\overset{\times}{N}}} H \right]^+ \quad 或 \quad \left[H - \overset{\overset{H}{\uparrow}}{\underset{\underset{H}{|}}{N}} - H \right]^+$$

三、分子间作用力与氢键

1. 分子间作用力　分子中的原子或离子间强烈的作用力称化学键，而分子与分子之间还存在微弱的作用力。这种分子与分子之间的作用力称为分子间作用力，又称范德瓦耳斯力(范德华力)。分子间作用力很小，它普遍存在于任何分子之间。物质固态时，分子间作用力较大；液态时，分子间作用力次之；气态时，分子间作用力最小。

分子间作用力仅对物质的物理性质有一定的影响，如熔点、沸点、溶解度等。一般来说，相同类型的分子，分子量越大，分子间作用力越大，物质的熔点、沸点也就越高。例如，卤素单质的分子量、熔点、沸点如表 2-3 所示。

表 2-3　卤素单质的熔点和沸点

卤素单质	F_2	Cl_2	Br_2	I_2
分子量	38	71	160	254
熔点(℃)	−219.6	−101	−7.2	113.5
沸点(℃)	−188.1	−34.6	58.8	184.4

2. 氢键　在氧族元素的氢化物中，按照分子间作用力对物质熔点、沸点的影响规律，水的熔点和沸点应该比硫化氢的熔点和沸点低，然而，事实却相反，水的熔点和沸点比硫化氢的熔点和沸点高(图 2-5)。这种反常现象说明，水分子间除了范德瓦耳斯力以外，还存在着其他作用力，这种作用力就是氢键。

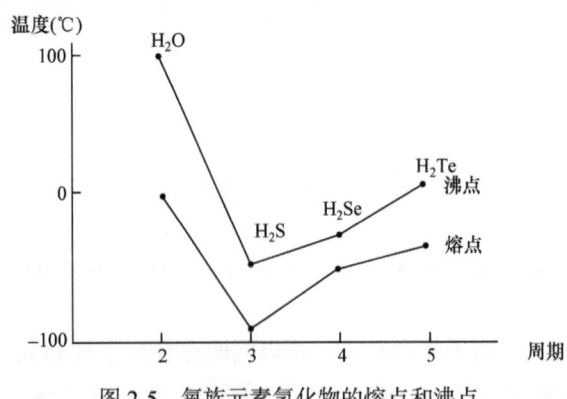

图 2-5　氧族元素氢化物的熔点和沸点

凡是与非金属性很强、原子半径较小的原子 X(如 F、O、N)以共价键相结合的氢原子，还可以再和这类元素(如 F、O、N)的另一个原子 Y 结合，这种相互作用称为氢键，用 X—H…Y 表示。例如，水分子间氢键的表示如图 2-6 所示。

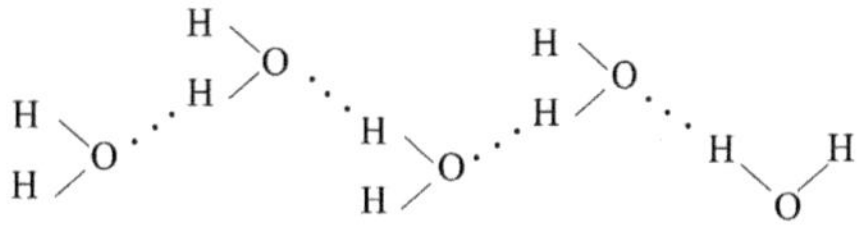

图 2-6 水分子间氢键

氢键的存在，增大了水分子间的作用力，使水的熔点和沸点与硫化氢相比，出现反常现象。需要说明的是，氢键不是化学键，而是一种特殊的分子间作用力。氢键比一般分子间作用力要强，对物质的某些物理性质产生影响，具有氢键的化合物的熔点和沸点比没有氢键的同类化合物要高。

【课堂互动】

1. 用电子式表示 KF、CaO、HBr、CO_2 的形成。
2. 指出下列哪些是离子化合物？哪些是共价化合物？

HBr、NO_2、HNO_3、$CaCO_3$、$NaOH$、N_2、KNO_3。

本 章 小 结

一、原　子

知识点	知识内容
原子的组成	原子是由居于原子中心带正电的原子核和核外带负电的电子构成的，原子核由质子和中子构成
质量数	把原子核内所有的质子和中子的相对质量求和取近似整数值所得的数值称为质量数，质量数=质子数+中子数
同位素	质子数相同而中子数不同的同种元素的不同原子
原子结构示意图	用小圆圈加弧线表示原子结构的式子
电子式	在元素符号周围用·或×表示原子最外层电子的化学式

二、元素周期律和元素周期表

知识点	知识内容
元素周期律	元素的性质随着原子序数的递增呈现周期性变化的规律，实质是原子最外层电子排布的周期性
元素周期表	7 个周期：3 个短周期、4 个长周期 16 个族：7 个主族、7 个副族、1 个 0 族、1 个Ⅷ族 周期序数=电子层数；主族序数=最外层电子数
元素性质递变规律	同周期元素从左到右，金属性逐渐减弱，非金属性逐渐增强 同主族元素从上到下，金属性逐渐增强，非金属性逐渐减弱

三、化　学　键

知识点	知识内容
化学键	物质中相邻的原子或离子之间强烈的相互作用 化学键分为离子键、共价键和金属键
离子键	阴阳离子之间通过静电相互作用形成的化学键，本质是静电作用
共价键	原子间通过共用电子对所形成的化学键，本质是电子云重叠

自 测 题

一、名词解释

1. 同位素 2. 元素周期律 3. 化学键 4. 离子键 5. 共价键

二、填空题

1. 原子是由带正电荷的_____和核外带负电荷的_____构成。原子核由带正电荷的_____和不带电荷的_____构成。

2. 元素周期表中共有_____个族，_____个周期。

3. 化学键是_____中间_____的相互作用。

4. 当_____元素和_____元素形成化合物时，易形成离子键；当_____元素和_____元素形成化合物时，易形成共价键。

5. 同一周期元素原子的_____相同，从左到右，_____逐渐增强，_____逐渐减弱。

三、单选题

1. 一种新元素，它的质量数为272，原子核内有161个中子，该元素的质子数为（ ）
A. 111　　　　B. 161
C. 272　　　　D. 433

2. 根据元素的核电荷数，不能确定的是（ ）
A. 原子核内质子数
B. 原子核内中子数
C. 原子最外层电子数
D. 原子核外电子数

3. 决定元素化学性质的主要是原子的（ ）
A. 质子数　　　B. 中子数
C. 核外电子数　D. 最外层电子数

4. 几种微粒，具有相同的质子数，则可说明（ ）
A. 一定不是同一种元素
B. 中子数一定相同
C. 可能属于同一种元素
D. 核外电子数一定相等

5. 元素的性质随着原子序数的递增呈现周期性变化的主要原因是（ ）
A. 元素原子核外电子排布呈周期性变化
B. 元素原子的半径呈周期性变化
C. 元素化合价呈周期性变化
D. 元素的原子量呈周期性变化

四、问答题

1. $_1^2H$、$2H$、$2H^+$、H_2分别代表什么含义？

2. 简述主族元素在同一周期与同一主族的性质递变规律。

(王宙清)

第3章 常见的非金属元素及其应用

非金属元素是元素的一大类,在目前发现的118种元素中,非金属元素有22种。它们虽然数量很少,但存在广泛,是构成各种化合物的重要元素。本章主要介绍重要的非金属元素及其应用。

情景导入

跨入21世纪,环境的保护、能源的开发利用、功能材料的研制等成为国际社会最为关注的问题。近几年,随着人类生活、科学技术的现代化,燃料用量大幅度提升,大气污染日趋严重。如光化学烟雾、酸雨、臭氧空洞、温室效应等现象严重威胁着人类生存的环境。

问题: 1. 这些污染和哪些非金属元素有关?
2. 这些非金属元素的性质有何特点?

第1节 氯气及其重要的化合物

一、氯气的组成和氯原子的结构

氯气分子是由两个氯原子以共价键形成的双原子分子,分子式为 Cl_2。

氯原子的核电荷数为17,原子结构示意简图为 ,最外层电子数为7。氯元素是活泼的非金属元素,在化学反应中,氯原子很容易得到1个电子,使最外电子层达到8电子的稳定结构,形成-1价阴离子。

二、氯气的性质

(一) 氯气的物理性质

氯气在通常情况下呈黄绿色,比空气重,易液化,能溶于水。常温下1体积水能溶解2体积的氯气,氯气溶于水称为氯水。

氯气有毒,有强烈的刺激性气味。吸入少量氯气会使鼻、喉等处黏膜受到刺激而损伤,吸入大量氯气会中毒致死。在实验室嗅闻氯气的气味时，应用手轻轻在氯气瓶口扇动，使极少量氯气飘进鼻孔。保管和使用氯气时要十分小心。

氯气用途广泛，是制取盐酸、炸药、农药、漂白粉、有机染料和有机溶剂的重要化工原料。

(二) 氯气的化学性质

氯气是化学性质很活泼的非金属单质，具有较强的氧化性，能与多种金属、非金属直接反应，还能与水、碱等化合物反应。

1. 与金属的反应　氯气在一定条件下，几乎能与所有的金属直接化合，生成金属卤化物。例如，金属钠点燃时，能在氯气中剧烈燃烧，产生白色烟雾，生成白色氯化钠晶体。

$$2Na+Cl_2 \xrightarrow{点燃} 2NaCl \quad (白色晶体)$$

铁在氯气中燃烧，产生棕色烟雾，生成棕色的氯化铁晶体。

$$2Fe+3Cl_2 \xrightarrow{点燃} 2FeCl_3 \quad (棕色晶体)$$

但干燥的氯气在常温下不与铁反应，因此可用钢瓶储存液氯。

2. 与非金属的反应　在一定条件下，氯气能与氢气、磷等非金属反应，与硫的反应比较困难，与氧、氮、碳等非金属不能直接反应。

例如，氯气与氢气在常温无光照的条件下混合，缓慢反应；如果用强光照射氢气和氯气的混合气体时，会迅速反应发生爆炸，生成氯化氢气体。

$$H_2 + Cl_2 \xrightarrow{光照或点燃} 2HCl$$

反应生成的氯化氢气体，在空气中与水结合，呈现雾状。

氯气与金属、氯气与非金属的反应说明，燃烧不一定要有氧气参加，任何发光发热的化学反应，都可以称为燃烧。

3. 与水的反应　氯气可溶解于水，氯气的水溶液叫氯水，氯水因溶有氯气而呈黄绿色，溶解的氯气少部分与水缓慢反应，生成盐酸和次氯酸。

$$Cl_2 + H_2O = HClO+HCl$$
次氯酸

次氯酸是一种强氧化剂，能杀死水里的细菌，所以自来水常用氯气来杀菌消毒。次氯酸的强氧化性还可以使某些染料和有机色素褪色，可用作棉、麻和纸张的漂白剂。

【演示实验3-1】　取干燥和润湿的布条各一条，分别放入两个集气瓶中，然后通入氯气，观察发生的现象。

可以观察到，干燥的布条没有褪色，而润湿的布条却褪色了。

原因是起漂白作用的不是氯气本身，而是氯气与水反应生成的次氯酸，次氯酸不稳定，见光易分解放出氧气。

$$2HClO \xrightarrow{光照} 2HCl+O_2\uparrow$$

因此，新制的氯水中含有的次氯酸有漂白和杀菌作用，久置的氯水中次氯酸分解完毕就没有这种作用。

4. 与碱的反应　氯气与碱反应，生成次氯酸盐、金属卤化物和水，如：

$$2NaOH + Cl_2 == NaClO + NaCl + H_2O$$
$$\text{次氯酸钠}$$

次氯酸盐比次氯酸稳定，容易储运。通常使用的漂白粉是通过氯气和熟石灰作用制取的。

$$2Ca(OH)_2 + 2Cl_2 == Ca(ClO)_2 + CaCl_2 + 2H_2O$$
$$\text{次氯酸钙}$$

漂白粉是次氯酸钙和氯化钙的混合物，有效成分是次氯酸钙(又称漂白精)，漂白粉之所以有漂白作用是因为次氯酸钙具有强氧化性，遇到水、酸或空气中的水蒸气容易发生反应生成次氯酸。所以漂白粉和氯气的漂白原理相似。

$$Ca(ClO)_2 + CO_2 + H_2O == CaCO_3\downarrow + 2HClO$$
$$Ca(ClO)_2 + 2HCl == CaCl_2 + 2HClO$$

漂白粉不仅用于棉、麻、纸浆的漂白，还广泛用于饮用水、游泳池、厕所等的杀菌消毒。漂白粉须密封保存，防止与空气接触而变质。

知识链接　　自来水的消毒

目前世界上最安全的自来水消毒方法是臭氧消毒，不过这种方法的处理费用太昂贵，而且经过臭氧处理过的水的保留时间是有限的。所以目前只有少数的发达国家使用这种处理方法。现在自来水消毒大都采用氯化法，公共给水氯化的主要目的就是防止水传播疾病，这种方法推广至今已有 100 多年历史了。氯气用于自来水消毒具有消毒效果好、费用较低、几乎没有有害物质的优点。

在现阶段，消毒剂除氯气外，还有二氧化氯、臭氧，采用代用消毒剂可降低有害物质的生成量，同时提高处理效率。

(三) 氯气的制法

1. 工业制法

(1) 工业上常用电解饱和食盐水的方法来制取氯气，同时有烧碱和氢气生成。

$$2NaCl + 2H_2O \xrightarrow{\text{电解}} 2NaOH + Cl_2\uparrow + H_2\uparrow$$

(2) 电解熔融的氯化钠。

$$2NaCl(\text{熔融}) \xrightarrow{\text{通电}} 2Na + Cl_2\uparrow$$

2. 实验室制法

(1) 实验室中常利用浓盐酸与二氧化锰反应来制取氯气。

$$MnO_2 + 4HCl(\text{浓}) \xrightarrow{\triangle} MnCl_2 + Cl_2\uparrow + 2H_2O$$

(2) 实验室里也可以用高锰酸钾和浓盐酸反应制取氯气。

$$2KMnO_4 + 16HCl(\text{浓}) == 2KCl + 2MnCl_2 + 8H_2O + 5Cl_2\uparrow$$

二氧化锰与浓盐酸反应制取氯气实验装置如图 3-1 所示。由于氯气密度比空气大，所以此反应生成的气体用向上排空气法收集。用 NaOH 溶液吸收多余氯气。

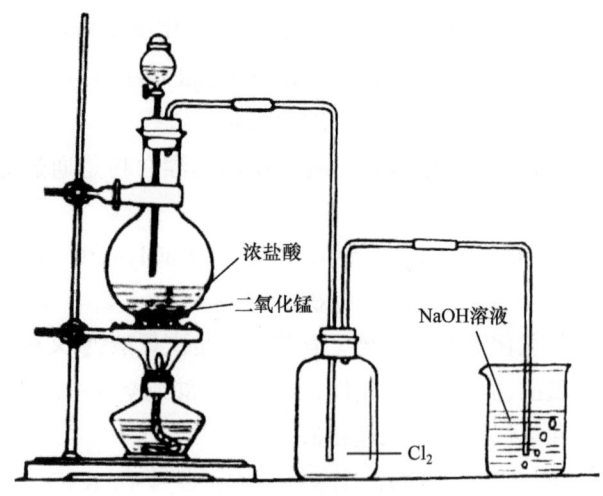

图 3-1 实验室制取氯气

三、重要的氯化物

(一) 氯化氢

氯化氢(HCl)是无色有刺激性臭味的气体。氯化氢气体比空气重,易溶于水,0℃时 1 体积水大约能溶解 500 体积的氯化氢,同时放出大量热。

工业上制取氯化氢是将氯气和氢气直接点燃反应而成。

$$Cl_2 + H_2 \xrightarrow{点燃} 2HCl$$

实验室中一般使用食盐和浓硫酸反应来制取少量氯化氢。

$$NaCl + H_2SO_4(浓) \xrightarrow{\triangle} NaHSO_4 + HCl\uparrow$$

若继续加热至 500～600℃,可进一步反应。

$$NaCl + NaHSO_4 \xrightarrow{500～600℃} Na_2SO_4 + HCl\uparrow$$

(二) 盐酸

氯化氢的水溶液称为氢氯酸,俗称盐酸。盐酸是无色透明的液体,工业盐酸常因含有三氯化铁杂质而呈黄色。市场销售的浓盐酸,密度一般为 1.19g/cm³,浓度约为 37%,相当于 12mol/L。浓盐酸在空气中会产生白雾,是因为浓盐酸易挥发出氯化氢气体,遇到空气中的水分生成盐酸小液滴而呈白雾状。

盐酸是主要的强酸之一,化学性质非常活泼,具有酸的通性。

盐酸在工业、科研、医疗等诸多行业都有广泛的应用。例如,在工业上常用于制取氯化钡、氯化钾、氯化锌等氯化物,金属焊接时也常用来清除金属表面的氧化物杂质。另外,在制革、电镀、搪瓷、印染、医药、食品等方面也常用到盐酸。

在人体胃液中也存在一定浓度的盐酸,其有促进食物消化和杀菌的作用。

(三) 氯化盐

盐酸的盐类,多为金属氯化物。除了 AgCl、HgCl₂、PbCl₂ 是难溶物外,其余多易溶于水。由于盐酸是强酸，所以氯化盐种类非常多，这里仅介绍几种重要的氯化盐。

1. 氯化钠(NaCl) 俗称食盐，为白色晶体，是人体不可缺少的物质，同时也是制备钠盐、氢氧化钠、氯气、盐酸等多种化工产品的基本原料。

2. 氯化钙($CaCl_2$) 是白色固体，多以 $CaCl_2 \cdot 6H_2O$ 形式存在，加热时易失水形成白色氯化钙。无水氯化钙有很强的吸水性，是工业生产和实验室常用干燥剂。含结晶水的氯化钙与冰以 1.44∶1 的比例混合可获得-55℃低温，故实验室中常用作制冷剂。

3. 二氧化氯(ClO_2) 是黄色气体，带有辛辣气味，对呼吸道有刺激作用。当空气中的含量超过 10%(体积浓度)时，易发生爆炸。20℃、30mmHg 大气压时，在水中的溶解度为 2.9g/L。

四、卤离子的检验

大多数金属卤化物都是白色晶体，易溶于水，但卤化银(除氟化银)大都难溶于水，而且不溶于稀硝酸，生成的卤化银沉淀颜色也不一样，因此可根据这一特性来检验卤离子。

【演示实验3-2】 取三支试管，分别加入氯化钠、溴化钠、碘化钾溶液各 2ml，观察溶液的颜色。向三支试管里分别滴加少量的硝酸银溶液，稍振摇，观察发生的现象。再分别滴加少量稀硝酸，观察现象是否有变化。

可以看出，分别盛有 NaCl、NaBr、KI 无色溶液的三支试管加入硝酸银溶液后都有沉淀生成，但沉淀颜色不相同，再加稀硝酸后生成的沉淀不溶解。

$$NaCl + AgNO_3 = NaNO_3 + AgCl\downarrow (白色)$$

$$NaBr + AgNO_3 = NaNO_3 + AgBr\downarrow (浅黄色)$$

$$KI + AgNO_3 = KNO_3 + AgI\downarrow (黄色)$$

实验室里，常用上述方法检验 Cl^-、Br^-、I^- 的存在。

知识链接　　金属卤化物的临床作用

医学上常用的金属卤化物主要有以下几种。

1. 氯化钠(NaCl)　俗称食盐，白色晶体。可用于配制生理盐水(9g/L 的 NaCl 溶液)。医用生理盐水用于补液、清洗伤口和灌肠等。

2. 氯化钾(KCl)　白色结晶性粉末或无色立方形结晶，是一种利尿剂，主要用于治疗心脏性或肾脏性水肿，也可用于低钾血症。氯化钾和氯化钠的性质相似，但其医学作用不同，决不能互相代替。

3. 氯化钙($CaCl_2$)　通常以含有结晶水的无色晶体形式存在。无水氯化钙有很强的吸水性，常用作干燥剂。临床用于治疗钙缺乏症，也可用作抗过敏药。

4. 溴化钠(NaBr)　白色结晶性粉末，溴化钠常与溴化钾和溴化铵一同制成三溴合剂，或是单独使用，对中枢神经系统有抑制作用，一般用作镇静剂，对兴奋性失眠、癫痫发作都有疗效。

5. 碘化钾(KI)　无色或白色结晶，临床上过去常用于治疗甲状腺肿，是常用的补碘剂[现已被碘酸钾(KIO_3)取代]；也是配制碘酊时的助溶剂。

【课堂互动】

1. 如何用简单的方法证明氯化氢气体中混有氯气？
2. 浓盐酸在空气中为什么会产生白雾？

第 2 节 碳、氮、硫的主要化合物

一、碳及其化合物

碳在自然界中分布很广，多以化合态形式存在于碳酸盐、煤、石油、天然气、空气、石灰石及动植物体内，碳在地壳中的总含量为 0.027%，含量虽少，但它却是地球上化合物种类最多的元素。碳元素大部分以碳水化合物的形式存在。

(一) 碳的同素异形体

1. 金刚石和石墨 金刚石是典型的原子晶体，晶体中每个碳原子都与另外四个碳原子形成牢固的共价单键，组成正四面体，排布如图 3-2 所示。金刚石在自然界的物质中硬度最高，熔点非常高(3570℃)，常温下与所有化学试剂都不反应，只有加热到 800℃时，才能在空气中燃烧生成 CO_2。金刚石又名钻石，是价格昂贵的装饰品，除此之外，主要用于制作钻头、刀具等。

碳的另一种单质是石墨。石墨与金刚石性质差别较大。石墨是灰黑色层状晶体，质软，熔点也较高，为 3652℃，是电和热的良导体，有滑腻感，是良好的润滑剂。石墨大量用来制作电极、坩埚、电刷、铅笔和颜料等。石墨的特性是由石墨的层状结构决定的，如图 3-3 所示。

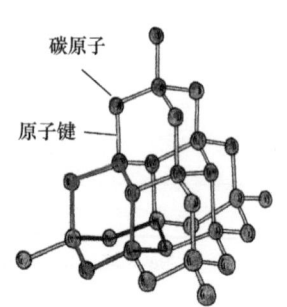

图 3-2 金刚石结构示意图

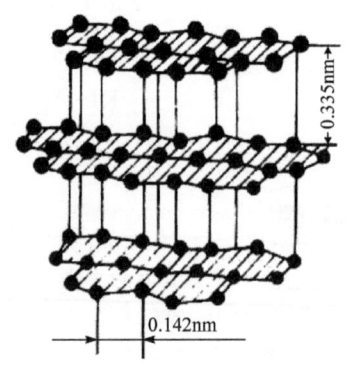

图 3-3 石墨结构示意图

2. C_{60} 是由 60 个碳原子组成的单分子，其结构形式为由 12 个正五边形面和 20 个正六边形面组成的类似于足球的闭合笼状结构，人们形象地称之为"足球烯"(图 3-4)。自 20 世纪 90 年代以来，"足球烯研究"形成全球性热潮。C_{60} 具有金属光泽，有许多优异性能，如超导、强磁性、耐高压、抗化学腐蚀、在光、电、磁等领域有潜在的应用前景。

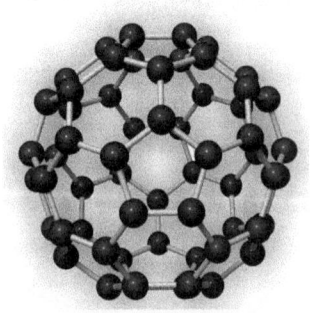

图 3-4 C_{60} 结构

(二) 碳酸和碳酸盐

二氧化碳溶于水生成碳酸。20℃时 1L 水中能溶解 0.9L 二氧化碳。

$$CO_2 + H_2O \rightleftharpoons H_2CO_3$$

碳酸很不稳定，易分解，只存在于水溶液中。碳酸为二元弱酸，在水中分步解离如下：

$$H_2CO_3 \rightleftharpoons H^+ + HCO_3^-；HCO_3^- \rightleftharpoons H^+ + CO_3^{2-}$$

碳酸盐可分碳酸盐正盐(M_2CO_3)、酸式碳酸盐($MHCO_3$)及碱式碳酸盐[$M_2(OH)_2CO_3$](M为金属)三类。自然界存在的碳酸盐矿有方解石、文石（霰石）、菱镁矿、白云石、菱铁矿、菱锰矿、菱锌矿、白铅矿、碳酸锶矿和毒重石等。碳酸盐正盐和酸式碳酸盐(又称重碳酸盐)大多数为无色的。碱金属和铵的碳酸盐易溶于水，其他金属的碳酸盐都难溶于水。碳酸氢钠在水中的溶解度较小，其他酸式碳酸盐都易溶于水。含有氢氧基团的金属离子碳酸盐称为碱式盐，为复盐，比较重要的有碱式碳酸铜[$CuCO_3 \cdot Cu(OH)_2$]、碱式碳酸铅[$2PbCO_3 \cdot Pb(OH)_2$]等及自然界存在的蓝铜矿[$Cu_3(CO_3)_2(OH)_2$]、孔雀石[$Cu_2(OH)_2CO_3$]。

碳酸盐加热不易分解(碳酸铵易分解)，碳酸氢盐受热易分解放出CO_2。如：

$$Ca(HCO_3)_2 \xrightarrow{\triangle} CaCO_3 + CO_2\uparrow + H_2O$$

在碳酸盐中，纯碱(碳酸钠)是重要的化工原料，广泛应用于化工、玻璃、肥皂、造纸、纺织和食品等工业。钾碱(碳酸钾)是玻璃生产的主要原料。小苏打(碳酸氢钠)广泛用于医药和食品工业，也常用于制造灭火器。石灰石、大理石、白云石可用于建筑、水泥和钢铁等工业。

二、氮的主要化合物

（一）氮的氧化物

氮的氧化物有多种，在这些氧化物中，氮的化合价从+1到+5。氮的氧化物主要有下列几种：N_2O、NO、N_2O_3、NO_2和N_2O_5。在这些氧化物中除了N_2O_5是固体外，其他在室温下都是气体，其中以NO和NO_2最为重要。

1. 一氧化氮(NO) 是无色气体，密度比空气稍大，不溶于水。在常温下很容易与空气中的氧气化合。

$$2NO + O_2 = 2NO_2$$

2. 二氧化氮(NO_2) 是红棕色气体，有刺激性气味，有毒，易溶于水，与水反应生成硝酸和一氧化氮。

$$3NO_2 + H_2O = 2HNO_3 + NO$$

工业上利用这一反应来制取硝酸。

二氧化氮氧化性较强，碳、硫、磷等置于其中易起火燃烧，和许多有机物的蒸气混合可形成爆炸性气体，能将二氧化硫气体氧化。

$$NO_2 + SO_2 = NO + SO_3$$

二氧化氮易被压缩成无色液体，低温时易聚合成无色的四氧化二氮(N_2O_4)气体，N_2O_4气体不稳定，温度升高(423K以下)又分解生成NO_2气体。

$$2NO_2(红棕色) \rightleftharpoons N_2O_4(无色)$$

工业上利用NO氧化来制取NO_2，实验室中则可利用铜与浓硝酸反应来制备NO_2。

知识链接 光化学烟雾

大气中的烃类及 NO_x 等一次污染物，在紫外线照射下能发生光化学反应，衍生多种污染物。由这些物质所形成的烟雾污染现象，称为光化学烟雾。NO_2 是这种烟雾的主要成分，因其 1946 年首次出现在美国洛杉矶，故又叫洛杉矶型烟雾。洛杉矶型烟雾是由汽车的尾气引起的，在光的作用下发生一系列复杂化学反应，生成臭氧、醛、酮、酸、过氧乙酰硝酸酯(PAN)等二次污染物。光化学烟雾对人、动物的伤害主要是刺激眼睛、气管、肺等器官，严重者也有死亡的危险。

（二）氨和铵盐

1. 氨(NH_3)

(1) 氨的物理性质：氨是无色、有刺激性气味的气体，比空气轻，极易溶于水，常温常压下 1 体积的水约能溶解 700 体积的氨。标准状况下，密度是 0.771g/L。氨易液化，在常压下冷却到 –33.6℃或在常温下加压到 700～800kPa，变成无色液体同时放出大量的热。液态氨气化时要吸收大量的热，使周围环境的温度急剧下降，所以液氨常用作制冷剂。

【演示实验 3-3】 在干燥的圆底烧瓶里充满氨气，用带有玻璃管和滴管(滴管里预先吸入水)的容器塞紧瓶口，立即倒置烧瓶，使玻璃管插入盛有水的烧杯(水里已预先加入少量酚酞试液)，挤压滴管的胶头，使少量水进入烧瓶，观察现象。

可以看到烧杯里的水由玻璃管进入烧瓶，形成喷泉，溶液呈红色。

(2) 氨的化学性质

1) 碱性：氨的水溶液叫氨水。氨在水中通过氢键与水结合生成一水合氨($NH_3 \cdot H_2O$)。一水合氨能部分电离产生铵离子和氢氧根离子，因而氨水显碱性，故能使酚酞溶液变红。一水合氨不稳定，受热生成氨和水。因此，在氨水溶液中存在下列平衡：

$$NH_3 + H_2O \rightleftharpoons NH_3 \cdot H_2O \rightleftharpoons NH_4^+ + OH^-$$

2) 与酸反应：氨能与酸反应生成铵盐。

【演示实验3-4】 取两根玻璃棒分别蘸取少量浓氨水和浓盐酸，然后使这两根玻璃棒相互靠近，可以看到有大量的白烟生成，如图 3-5 所示。白烟是浓氨水挥发出的氨和盐酸挥发出的氯化氢反应生成的微小的氯化铵晶体。

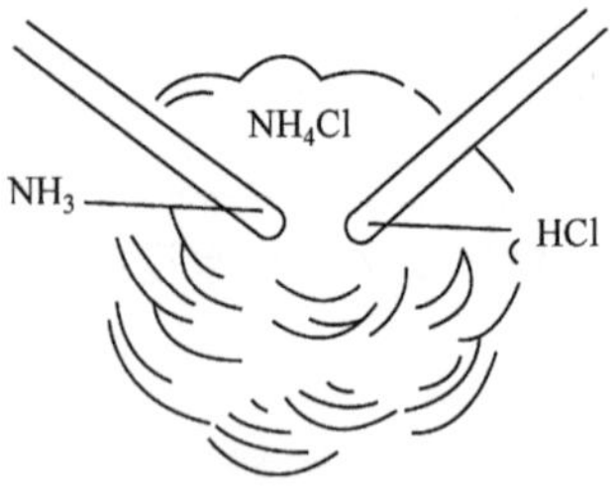

图 3-5 浓氨水与浓盐酸的反应

另外，氨还能与其他酸反应生成铵盐。

3) 与氧反应：氨在纯氧中能燃烧产生黄色火焰。

$$4NH_3 + 3O_2 \xrightarrow{点燃} 2N_2 + 6H_2O$$

用铂或铁作催化剂，氨能与氧发生反应，生成一氧化氮和水。

$$4NH_3 + 5O_2 \xrightarrow[加热]{催化剂} 4NO + 6H_2O$$

这一反应是工业制硝酸的基础。

4) 氨的制备：在工业上用氮气和氢气合成氨。

$$N_2 + 3H_2 \xrightleftharpoons[催化剂]{高温高压} 2NH_3$$

在实验室中通常用铵盐和消石灰的混合物加热来制取氨。

$$2NH_4Cl + Ca(OH)_2 \xrightarrow{\triangle} CaCl_2 + 2H_2O + 2NH_3\uparrow$$

氨是一种重要的化工产品,它是氮肥工业及制造硝酸、铵盐、纯碱等的重要原料,也是有机合成工业(如合成塑料、纤维、尿素、染料等)的常用原料。氨还常用作冷冻冷藏设备的制冷剂。

2. 铵盐 氨与酸反应可生成铵盐。铵盐都是晶体,均易溶于水。铵盐受热易分解。

$$NH_4Cl \xrightarrow{\triangle} NH_3\uparrow + HCl\uparrow$$

$$NH_4HCO_3 \xrightarrow{\triangle} NH_3\uparrow + H_2O + CO_2\uparrow$$

铵盐都能跟强碱共热反应放出氨气。利用这个性质,实验室中可制取氨气,也可以检验 NH_4^+ 的存在。

$$(NH_4)_2SO_4 + 2NaOH \xrightarrow{\triangle} Na_2SO_4 + 2NH_3\uparrow + 2H_2O$$

铵盐大量用作氮肥,硝酸铵还用来制备炸药,氯化铵常用于印染业和制造干电池,金属焊接时也常用氯化铵除去金属表面的氧化物以提高焊接质量。

(三) 硝酸及硝酸盐

1. 硝酸的性质 硝酸(HNO_3)是无色、易挥发、有刺激性气味的液体,密度为 $1.5g/cm^3$,沸点为 83℃,在 -42℃ 时可凝固成无色晶体,与水能以任意比例混合。98% 以上的浓硝酸在空气中会由于挥发而产生白雾,故通常叫发烟硝酸。市售硝酸的浓度一般为 69%。

硝酸是一种强酸,除具有酸的通性外,还具一些重要的特性。

(1) 不稳定性:硝酸不稳定,很容易分解,在常温下见光或受热易分解。浓硝酸有时显黄色,是由于分解产生的二氧化氮溶于硝酸的缘故。所以浓硝酸应装在棕色瓶中,并置于阴凉处。

(2) 氧化性:硝酸是一种强氧化剂,几乎能与所有金属(金、铂等少数金属除外)发生氧化还原反应。

【演示实验3-5】 取两支试管各放入一小块铜片,分别加入少量浓硝酸和稀硝酸,观察现象。

可以看到,浓硝酸和稀硝酸都能与铜发生反应。浓硝酸与铜反应剧烈,放出红棕色气体,稀硝酸与铜反应较缓慢,产生无色气体,在试管口无色气体变成红棕色。

$$Cu + 4HNO_3(浓) = Cu(NO_3)_2 + 2NO_2\uparrow + 2H_2O$$

$$3Cu + 8HNO_3(稀) = 3Cu(NO_3)_2 + 2NO\uparrow + 4H_2O$$

金属与硝酸反应所得产物比较复杂,一般情况下,浓硝酸被还原成 NO_2,稀硝酸多被还原成 NO 和氮的化合价 +2 以下的产物。

在常温下,浓硝酸能使一些金属,如铝、铁等发生钝化,所以常温下可以用铝槽车装运浓硝酸。

硝酸还能与许多非金属发生氧化还原反应。

$$C + 4HNO_3(浓) \xrightarrow{\triangle} CO_2\uparrow + 4NO_2\uparrow + 2H_2O$$

$$S+6HNO_3(浓) \xlongequal{\triangle} H_2SO_4 + 6NO_2\uparrow + 2H_2O$$

$$P+5HNO_3(浓) \xlongequal{\triangle} H_3PO_4 + 5NO_2\uparrow + H_2O$$

浓硝酸和浓盐酸的混合物(体积比为1∶3)称为王水,它的氧化能力更强,能使一些不溶于硝酸的金属如金、铂等溶解。

由于硝酸具有强氧化性,对皮肤、衣物、纸张等都有腐蚀作用,所以使用硝酸特别是浓硝酸时,一定要十分谨慎小心。不慎将浓硝酸溅到皮肤上时,应立即先用大量水冲洗,再用小苏打水或肥皂洗涤。

硝酸是一种重要的化工原料,可用于炸药、化肥、染料、塑料、药物等工业生产中;在实验室中,它是一种重要的化学试剂;在国防工业中也有着重要的地位。

2. 硝酸盐 大多为无色易溶于水的晶体。硝酸盐在常温时较稳定,但受热时易分解放出氧气而显氧化性,所以硝酸盐在高温时常用作氧化剂。

硝酸盐受热分解的产物因盐的金属阳离子不同而有区别。碱金属及碱土金属的硝酸盐受热分解放出氧气,同时生成亚硝酸盐;在金属活动性顺序表中位于Mg和Cu之间的金属的硝酸盐,受热分解生成相应的金属氧化物、二氧化氮和氧气;位于Cu之后的金属的硝酸盐,受热分解生成金属单质、二氧化氮和氧气。

$$2NaNO_3 \xlongequal{\triangle} 2NaNO_2 + O_2\uparrow$$

$$2Pb(NO_3)_2 \xlongequal{\triangle} 2PbO + 4NO_2\uparrow + O_2\uparrow$$

$$2AgNO_3 \xlongequal{\triangle} 2Ag + 2NO_2\uparrow + O_2\uparrow$$

利用这一特性,硝酸盐可用于制造炸药和节日焰火。

3. 亚硝酸及其盐

(1) 亚硝酸:很不稳定,仅存在于冷的稀溶液中,微热时即分解。

$$2HNO_2 = NO\uparrow + NO_2\uparrow + H_2O$$

亚硝酸是弱酸,酸性比乙酸稍强。

(2) 亚硝酸盐:有较高的热稳定性,一般易溶于水($AgNO_2$除外),有毒,是致癌物质。在亚硝酸及其盐中,氮原子是+3价,处于中间价态。因此,它们既有氧化性,又有还原性。

亚硝酸钾和亚硝酸钠用于染料工业和有机合成工业中,亚硝酸钠也常用作肉类食品添加剂,具有发色作用,能使肉制品具有特殊的红色。鉴于亚硝酸盐的毒性,国家食品卫生标准对亚硝酸钠在食品中的含量有严格的规定。

知识链接 食品中的硝酸盐和亚硝酸盐

在土壤、水体和动植物组织中均存在硝酸盐。农业生产时,如果使用过多的硝酸盐化肥,或气候干旱时,农产品中硝酸盐的含量会偏高;奶牛在饮用盐碱水时其乳汁中的硝酸盐含量也会偏高。农产品中的硝酸盐在一定条件下可以转化为亚硝酸盐,如通过微生物的还原作用,蔬菜腐烂或腌制后,亚硝酸盐的含量会大大增加。在肉制品的腌制过程中,亚硝酸盐常常作为发色剂。

一般亚硝酸盐中毒不是由于食物本身的原因,通常为误食与食盐相似的工业废盐(含大量的亚硝酸盐)或者是食用私盐而导致的。成人摄入亚硝酸盐中毒量为0.2~0.5g,致死量为3g。

三、硫的主要化合物

(一) 硫化氢

自然界中硫化氢(H_2S)常含于火山喷射气及矿井水中。此外，动植物及各种各样的有机垃圾腐烂时都经常产生硫化氢。在精炼石油时，也有大量的硫化氢逸出。

硫化氢是无色、有臭鸡蛋味的气体，密度比空气稍大，可溶于水，常温常压下 1 体积水约能溶解 6 体积硫化氢。硫化氢有相当大的毒性，会麻醉人的中枢神经并影响呼吸系统，吸入微量就会使人感到头痛、心慌，长时间吸入会致人昏迷或死亡。所以在制取和使用硫化氢时，必须在高效通风橱中进行。工业生产中，硫化氢在空气中含量的最高允许值是 0.01mg/L。

硫化氢气体在空气中可点燃，空气充足时燃烧产生蓝色火焰，生成 SO_2 和 H_2O，空气不充足时，则生成单质硫。

$$2H_2S + 3O_2(足量) \xrightarrow{点燃} 2SO_2 + 2H_2O$$

$$2H_2S + O_2(少量) \xrightarrow{点燃} 2S\downarrow + 2H_2O$$

硫化氢也能和二氧化硫反应生成单质硫，工业上利用这个反应来处理废气中的硫化氢，防止硫化氢对大气造成污染，同时也可以回收单质硫。

$$2H_2S + SO_2 == 3S\downarrow + 2H_2O$$

由以上几个反应可以看出，硫化氢只有还原性。硫化氢的水溶液称为氢硫酸，它是一种二元弱酸，具有酸的通性。硫化氢在水中更易被氧化。

(二) 金属硫化物

金属硫化物是氢硫酸的正盐，除碱金属硫化物外，大多数难溶于水，并有特征颜色。在分析化学上，可利用这些特征颜色来分离和鉴定不同离子，也常用硝酸铅来检验 S^{2-} 的存在。常见金属硫化物的性质如表 3-1 所示。

表 3-1 常见金属硫化物的性质

硫化物	ZnS	FeS	MnS	SnS	PbS	CuS	Ag_2S	HgS
颜色	白色	黑色	肉红色	褐色	黑色	黑色	黑色	黑色
溶解性	难溶于水而溶于稀盐酸			溶于浓盐酸		溶于硝酸		溶于王水

(三) 硫的氧化物

1. 二氧化硫(SO_2)

(1) 二氧化硫的性质：二氧化硫是无色、有刺激性臭味的气体，密度比空气大，易溶于水，常温常压下 1 体积水能溶解约 40 体积二氧化硫。它的沸点是 -10℃，熔点是 -76℃，易液化。二氧化硫有毒，吸入二氧化硫含量大于 0.2% 的空气，人就会中毒；SO_2 能直接伤害农作物；也是产生酸雨的主要原因。所以二氧化硫是一种危害较大的大气污染物。

二氧化硫中硫元素显 $+4$ 价，在化学反应中既可被还原成 0 价，又可被氧化成 $+6$ 价。所以二氧化硫既有氧化性又有还原性，但还原性是主要的。如：

$$2H_2S + SO_2 =\!=\!= 3S\downarrow + 2H_2O$$

$$SO_2 + O_2 \xrightarrow[\triangle]{催化剂} SO_3$$

二氧化硫能和某些有机色素结合成为无色化合物,因此它是常用的漂白剂。但是这种无色化合物不稳定,久置或受热便会分解呈现原来的颜色,所以二氧化硫的漂白又叫暂时性漂白,经过二氧化硫漂白过的草帽、纸张等日久易逐渐变色。此外,二氧化硫还可用于杀菌消毒,用作食物的防腐剂等。

二氧化硫的水溶液称为亚硫酸。目前尚未得到游离亚硫酸,只有它的水溶液。亚硫酸不稳定,易分解,所以二氧化硫和水的反应是一个可逆反应。

(2) 二氧化硫的制备:实验室通常用亚硫酸钠与浓硫酸反应制取二氧化硫。

$$Na_2SO_3 + H_2SO_4(浓) =\!=\!= Na_2SO_4 + SO_2\uparrow + H_2O$$

也可用铜与浓硫酸加热反应制备二氧化硫。

$$Cu + H_2SO_4(浓) \xrightarrow{\triangle} CuSO_4 + SO_2\uparrow + H_2O$$

工业上制取二氧化硫,通常采用黄铁矿在空气中燃烧或焙烧,以得到二氧化硫气体。

$$4FeS_2 + 11O_2 \xrightarrow{\triangle} 8SO_2 + 2Fe_2O_3$$

2. 三氧化硫(SO_3) 三氧化硫在常温下是无色、易挥发液体。熔点为25℃,沸点为44℃。它是一种强氧化剂,能使单质磷燃烧,将碘化物氧化成单质碘,加热时能氧化铁、锌等金属。

三氧化硫极易吸收水分,溶于水中即生成硫酸,工业上利用此反应制取硫酸。

$$SO_3 + H_2O =\!=\!= H_2SO_4$$

三氧化硫溶于水放出大量热,使水蒸发,水蒸气和 SO_3 结合形成难以收集的硫酸烟雾。所以在生产中不是直接用水吸收 SO_3,而是用 98.3% 的浓硫酸来吸收,再用 92.5% 的硫酸来稀释发烟硫酸,得到市售 98.3% 的浓硫酸。

(四) 硫酸及硫酸盐

1. 硫酸(H_2SO_4) 纯硫酸是一种无色油状液体,质量分数为 98.3% 的浓硫酸沸点为 338℃,密度为 $1.84g/cm^3$,因能以任意比例与水混合,同时产生大量的热,因此稀释浓硫酸时,应将浓硫酸慢慢溶入水中,绝对不允许将水倒入浓硫酸中,否则会产生酸液局部沸腾,飞溅伤人。

硫酸是一种强酸,具有酸的通性。此外,浓硫酸还有如下一些特性。

(1) 吸水性:浓硫酸具有强烈的吸水性,因此工业上和实验室中常用它来干燥氯气、氢气和二氧化碳等气体。

(2) 脱水性:浓硫酸不仅能吸收游离的水分,还能从一些有机化合物中夺取与水分子组成相当的氢和氧,使这些有机物碳化。例如,把浓硫酸滴加到蔗糖($C_{12}H_{22}O_{11}$)里,就会看到蔗糖变为黑色的炭。浓硫酸对有机物有强烈的腐蚀性,如果皮肤沾上浓硫酸,会引起严重的灼伤。所以在使用时,应小心谨慎。

(3) 氧化性:浓硫酸具有强氧化性,加热时氧化性更强,它可以氧化许多金属(金、铂除外)和非金属。

$$2H_2SO_4(浓) + C \xsq CO_2\uparrow + 2SO_2\uparrow + 2H_2O$$

$$6H_2SO_4(浓) + 2Fe \xsq Fe_2(SO_4)_3 + 3SO_2\uparrow + 6H_2O$$

$$2H_2SO_4(浓) + Cu \xsq CuSO_4 + SO_2\uparrow + 2H_2O$$

但是在常温下，浓硫酸与铁、铝等金属接触时，可使金属表面生成致密的氧化物薄膜，从而阻止金属继续与硫酸反应，这种现象称为金属的钝化。因此，可用铁或铝制容器储运冷的浓硫酸。

硫酸是一种重要的化工原料，有着非常广泛的用途，用于制造化肥、农药、炸药、染料等，也可用于石油、冶金工业。

2. 硫酸盐 硫酸盐的种类较多，下面介绍几种比较重要的硫酸盐。

(1) 硫酸钙($CaSO_4$)：为白色固体，含有两分子结晶水的硫酸钙($CaSO_4 \cdot 2H_2O$)称为生石膏，可用于制造模型、塑像及医用绷带。

(2) 硫酸钡($BaSO_4$)：天然硫酸钡称为重晶石，是制造其他钡盐的原料，可作白色颜料。硫酸钡不溶于水，也不溶于酸，利用这种性质及不易被 X 射线透过的性质，医疗上常用它作肠胃透视的造影剂，俗称"钡餐"。

(3) 硫酸钠(Na_2SO_4)：为白色粉末，可溶于水。带有 10 分子结晶水的硫酸钠($Na_2SO_4 \cdot 10H_2O$)俗称芒硝，是一种白色晶体，在空气中易失去结晶水而风化。硫酸钠存在于自然界中，常用于玻璃制造业。

(4) 硫酸铜($CuSO_4$)：是白色粉末，易溶于水。含有 5 分子结晶水的硫酸铜($CuSO_4 \cdot 5H_2O$)不稳定，俗称胆矾，为蓝色晶体。硫酸铜加入贮水池中可以阻止藻类产生。与石灰乳混合得到"波尔多"溶液，可用来消灭害虫。

3. 硫酸根离子的检验

【演示实验3-6】 在两支盛有 Na_2SO_4、Na_2CO_3 溶液的试管中，分别滴入少量 $BaCl_2$ 溶液，两支试管中均有白色沉淀生成，倒去上清液，再各加入少量的盐酸或稀硝酸后振荡，观察现象。

$$BaCl_2 + Na_2SO_4 == BaSO_4\downarrow + 2NaCl$$

$$BaCl_2 + Na_2CO_3 == BaCO_3\downarrow + 2NaCl$$

$$BaCO_3 + 2HCl == BaCl_2 + H_2O + CO_2\uparrow$$

当向白色沉淀中加少量盐酸或稀硝酸后，发现 $BaSO_4$ 既不溶于水也不溶于盐酸或稀硝酸，而 $BaCO_3$ 虽不溶于水，但可溶于盐酸和稀硝酸。

许多不溶于水的钡盐(如磷酸钡)也与 $BaCO_3$ 一样能溶于盐酸和稀硝酸。因此，我们可以利用 $BaCl_2$ 溶液和盐酸(或稀硝酸)来检验硫酸根离子的存在。

知识链接 二氧化硫与健康

二氧化硫是国内外允许使用的一种食品添加剂。例如，在水果、蔬菜干制、蜜饯、凉果生产，白砂糖加工及鲜食用菌和藻类贮藏和加工过程中，二氧化硫可以防止食品氧化褐变或微生物污染。利用二氧化硫气体熏蒸果蔬原料，可抑制原料中氧化酶的活性，使制品色泽明亮美观。在白砂糖加工中，二氧化硫能与有色物质结合达到漂白的效果。

按照《食品安全国家标准 食品添加剂使用标准》规定合理使用二氧化硫不会对人体健康造成危害，但长期超限量接触二氧化硫可能导致人类呼吸系统疾病及其他多组织损伤。二氧化硫急性中毒可引起眼、鼻等组织器官黏膜刺激症状，严重时产生喉头痉挛、喉头水肿、支气管痉挛，大量吸入可引起肺水肿、窒息、昏迷甚至死亡。

【课堂互动】
1. 写出下列转变的化学方程式：

$$N_2 \rightarrow NH_3 \rightarrow NO \rightarrow NO_2 \rightarrow HNO_3 \rightarrow AgNO_3$$

2. 雷雨天，雨水里会有少量的硝酸，为什么？

第3节 传统硅酸盐产品与新型无机非金属材料

无机非金属材料是以某些元素的氧化物、碳化物、氮化物、卤化物、硼化物、硅酸盐、铝酸盐、磷酸盐和硼酸盐等物质组成的材料，是除有机高分子材料和金属材料以外的所有材料的统称。无机非金属材料品种名目极其繁多，用途各异，因此，还没有一个统一而完善的分类方法，通常把它们分为普通的(传统的)和先进的(新型的)。硅酸盐材料是无机非金属材料的主要分支之一，是陶瓷的主要组成物质。它以含硅物质为原料经加热制成，可分为传统陶瓷材料和精细陶瓷材料。传统陶瓷产品如陶瓷器、玻璃、水泥、耐火材料、搪瓷等主要是各种氧化物的烧结体。这些产品的材料具有抗腐蚀、耐高温等优点，但也有质脆、经不起热冲击等弱点。精细陶瓷产品可以是烧结体，也可以是单晶、纤维、薄膜等，其成分可以是氧化物，也可以是氮化物、碳化物、硼化物。这些材料的主要特性是能耐高温、强度高，具有电学、光学特性及生物功能。陶瓷材料几乎遍及现代科技的各个领域。

一、传统硅酸盐产品

硅酸盐制品一般都是以黏土(高岭土)、石英和长石为原料经高温烧结而成。黏土的化学组成为 Al_2O_3，石英为 SiO_2，长石为 $K_2O \cdot Al_2O_3 \cdot 6SiO_2$(钾长石)或 $Na_2O \cdot Al_2O_3 \cdot 6SiO_2$(钠长石)。这些原料中都含有 SiO_2，因此在硅酸盐晶体结构中，硅与氧的结合是最重要也是最基本的。

以天然硅酸盐为主要原料，经过配料、高温处理等过程来生产水泥、玻璃、陶瓷、砖瓦、耐火材料等产品的工业，称为硅酸盐工业。硅酸盐工业在国民经济中占有重要地位，现简要介绍几种传统硅酸盐产品。

1. 水泥 是重要的建筑材料，大量用于建筑、道路、桥梁、港口等各类工程建设中。水泥种类很多，主要有普通硅酸盐水泥、矿渣硅酸盐水泥、火山灰硅酸盐水泥、粉煤灰硅酸盐水泥、膨胀水泥、彩色水泥等。其中普通硅酸盐水泥应用最广。

普通水泥呈灰褐色，是因为含少量 Fe_2O_3，在生产中尽量除去 Fe_2O_3，就可得到白水泥。白水泥可用作彩色水泥的基料、建筑业的外装饰及制造人造大理石等。纯白色的白水泥属特种水泥。特种水泥有很多种，如膨胀水泥、超硬水泥、蒸压养护水泥、油井水泥等，这些水泥分别具有不同的特殊用途。

2. 玻璃　大量应用于建筑工程、汽车制造、火车、医疗器械、实验仪器、生活器具等工业制造中。目前,我国的玻璃生产技术和产量已达世界先进水平。常用普通玻璃的制造原料是纯碱、石灰石、石英,把原料按比例混合粉碎,放入玻璃窑中高温熔化即可制备。将 Na_2CO_3、$CaCO_3$ 和 SiO_2 按比例混合共熔,可制得非晶态普通玻璃。把普通玻璃加热到接近软化温度,保持一段时间后,急速冷却,可得到机械强度比普通玻璃大 4~6 倍的钢化玻璃,用作汽车、火车、高层楼房的门窗玻璃。将普通玻璃加工成玻璃纤维和泡沫玻璃等,可用作隔音、隔热、电气绝缘材料,制成光导纤维用于电信传输、医用内镜等。玻璃纤维还可作为增强材料与环氧树脂、酚醛树脂等制成复合材料——玻璃钢,其强度相当于钢材。

3. 陶瓷　在我国历史悠久,系我国首创,所以瓷器英文名称为"china"。在新石器时代,我们的祖先就已能制造陶器,到唐宋时期,制造技术水平已经很高。唐朝的"三彩"、宋朝的"钧瓷"都闻名于世,流传至今。陶瓷是将黏土(主要成分为 $Al_2O_3 \cdot 2SiO_2 \cdot 2H_2O$)加水成型、晾干后,经高温加热失水而形成的。一般来说,烧结温度低时形成结构疏松的陶,烧结温度高时形成结构致密的瓷。由于原料和烧制温度等的不同,陶瓷可分为土器(如砖、瓦)、陶器、瓷器等。

二、新型无机非金属材料

新型无机非金属材料主要指用氧化物、氮化物、碳化物、硼化物、硫化物、硅化物及各种无机非金属化合物经特殊的先进工艺制成的材料,是 20 世纪以来发展起来的、具有特殊性质和用途的材料。新型无机非金属材料很多,主要有精细陶瓷、非晶态材料、人工晶体、无机涂层、无机纤维等。目前,对精细陶瓷的研究已在超硬陶瓷、高温结构陶瓷、电子陶瓷、磁性陶瓷、透明陶瓷、超导陶瓷、生物陶瓷、纳米陶瓷等方面取得了很好的进展。

1. 高温结构陶瓷　汽车发动机一般用铸铁铸造,耐热性能有一定限度。由于需要用冷却水冷却,热能散失严重,热效率只有 30% 左右。如用高温结构陶瓷制造陶瓷发动机,发动机的工作温度可稳定在 1300℃左右,由于燃烧充分而不需要水冷系统,使热效率大幅度提高。目前,已有多个国家的汽车公司试制无冷却式陶瓷发动机汽车。陶瓷发动机的材料选用氮化硅,它的机械强度大、硬度高、热膨胀系数小、导热性能好、化学稳定性高,是很好的高温结构陶瓷材料。

2. 透明陶瓷　一般陶瓷是不透明的,但透明陶瓷像玻璃一样。人们已研究出如烧结白刚玉、氧化镁、氧化铍、氧化钇等多种氧化物系列透明陶瓷。目前又研制出如砷化镓(GaAs)、硫化锌(ZnS)、硒化锌(ZnSe)、氟化镁(MgF_2)、氟化钙(CaF_2)等非氧化物透明陶瓷。这些透明陶瓷不仅有优异的光学性能,而且耐高温,多用于制造高压钠灯,发光效率比高压汞灯提高了一倍,使用寿命可达 2 万小时,是目前使用寿命最长的高效电光源。透明陶瓷也可用于制造防弹汽车的车窗、坦克观察窗、轰炸机的轰炸瞄准器和高级防护眼镜等。

3. 生物陶瓷　人体器官和组织需要修复或再造时,选用的材料要求生物相容性好、对机体无免疫排异反应、无溶血凝血反应、不引起代谢异常现象等。目前研制出来的生物合金、生物高分子材料和生物陶瓷基本满足了这些要求。利用这些材料制造了多种人工器官,在临床上得到广泛的应用。例如,氧化铝陶瓷做成的义齿与天然牙齿十分接近,还可以用于制作人工关节,如膝关节、肘关节、肩关节等。陶瓷材料耐腐蚀,适合植入体内,但缺点是质脆、韧性不足。

4. 纳米陶瓷　陶瓷材料的发展经历了三次飞跃。由陶器进入瓷器;由传统陶瓷发展到精细陶瓷;由超细微粉体粒子制造陶瓷材料到新一代纳米陶瓷,这是陶瓷材料的第三次飞跃。纳米陶瓷解决了传统陶瓷致命的脆性弱点,具有延性,有的甚至出现超塑性。例如,室温下合成的二氧化钛陶瓷,可以弯曲,其塑性变形高达 100%,韧性极好。

光导纤维是新型无机非金属材料中的一类,一种能高质量传导光的玻璃纤维。它是从高纯度的二氧化硅或石英玻璃熔融体中,拉出直径约 100μm 的细丝。将许多根光导纤维经过技术处理绕在一起就得到光缆。

光导纤维传导光的能力非常强,利用光缆通信,能同时传输大量信息。激光的方向性强、频率高,是进行光纤通信的理想光源。如用最新的氟玻璃制成的光导纤维,可以把光信号传输到太平洋彼岸而不需任何中继站。光纤通信与数字技术及计算机技术结合起来,可用于传送语音、图像、数据、控制电子设备和智能终端等,起到部分替代通信卫星的作用。光导纤维除了用于通信外,还用于医药、传能传像、遥测技术、照明等许多方面。

知识链接　　　　　硅沉着病

在哺乳动物和高等有机体中,硅是正常生长和骨骼钙化不可缺少的元素。但含硅粉尘对人体危害大,如果人长期吸入含有二氧化硅的粉尘,就会患硅沉着病(又称硅肺病,旧称矽肺病),丧失劳动能力直至死亡。硅沉着病是一种职业病,它的发生及严重程度取决于空气中粉尘的含量和粉尘中二氧化硅的含量,以及接触时间的长短等。长期从事采矿、翻砂、喷砂、制陶瓷、制耐火材料等工作的人员易患此病。因此,在这些粉尘较多的工作场所,要采取严格的劳动保护措施,采用多种技术和设备控制工作场所的粉尘含量,以保障工人人员的身体健康。

【课堂互动】
1. 传统硅酸盐产品与新型无机非金属材料有何不同?
2. 无机非金属材料有何用途?

第4节　酸雨的形成与防治

一、认识臭氧

(一) 臭氧的组成与形成

臭氧(O_3)也是由氧元素组成的一种单质,只是分子中所含氧原子数与氧气不同。这种由同种元素组成的不同单质称为同素异形体。臭氧(O_3)是氧气(O_2)的同素异形体。在常温下,臭氧是一种有特殊臭味的淡蓝色气体,稳定性较差,可自行分解为氧气。臭氧具有鱼腥臭味,吸入少量对人体有益,吸入过量对人体健康有一定危害。

臭氧不稳定,在常温时分解较慢,加热到164℃以上即迅速分解,二氧化锰、二氧化铅等催化剂存在或用紫外线照射都会促进分解。

$$2O_3 \xrightleftharpoons{\triangle} 3O_2$$

臭氧有强氧化性，是最强的氧化剂之一，除金和铂等金属外，它能氧化其他所有的金属和大多数非金属。例如，臭氧可使硫化铅氧化为硫酸铅，可使金属银氧化成过氧化银，可使碘化钾氧化生成单质碘。

我们可以利用碘化钾在硫酸中能被臭氧氧化生成单质碘这一性质，来检验混合气体中是否含有臭氧。

$$2KI + H_2SO_4 + O_3 = I_2 + O_2 + H_2O + K_2SO_4$$

在强雷雨天气放电的情况下，空气中的氧气可以转化成臭氧。高空中存在着臭氧和氧气互相转化的动态平衡体系，以维持臭氧层的稳定。稳定的臭氧层能阻止危害生命体的太阳光中的高强度紫外线照射到地球表面，从而维护地球上生命体的安全，所以臭氧层是地球上一切生命体的保护层。

(二) 臭氧层的破坏与保护

近年来，超音速飞机和宇航飞行器排出的大量废气，工业生产排出的废气，以及含氟制冷剂、农药、化肥等的使用，使空气中含有大量的氮氧化合物、碳氧化合物和氟氯烷烃类化合物。这些物质在高空中光的作用下能和臭氧发生光化学反应，使臭氧层受到破坏。臭氧层中臭氧减少，照射到地面的太阳光中的紫外线会增多，而波长为240～329nm的紫外线对生物细胞具有很强的杀伤作用，对生物圈中的生态系统和各种生物(包括人类)，都会产生不利的影响。科学家经过观测和研究发现，在北极和南极上空已经出现了臭氧层空洞，如不加以控制，将会给人类带来灾难性的后果。全世界对此高度重视，我国同世界各国正在积极采取措施，治理大气污染，设法减少废气排放。为了保护臭氧层免遭进一步破坏，1987年，24个发达国家的代表在加拿大签订了《关于消耗臭氧层的蒙特利尔议定书》，即禁止使用氟氯烷烃等物质的国际公约，环保冰箱和环保空调应运而生。但臭氧层变薄的速率仍在加快。保护臭氧层须依靠国际大合作，并采取各种积极、有效的对策。2012年末，南极臭氧空洞历史性地降至1989年来最小面积。2014年9月11日南极臭氧空洞达到了年度峰值。

(三) 臭氧的应用

基于臭氧的强氧化性，常把臭氧用于处理废气和治理工业污水。臭氧能将废气中的二氧化硫氧化制成硫酸；能分解污水中不易降解的聚氯联苯、苯酚、萘等多种芳烃化合物和不饱和链烃化合物；臭氧还能使许多有机色素受到破坏而变成无色物质，所以它也常用作脱色剂；臭氧还能杀死各种细菌，故可用臭氧代替氯气进行饮用水消毒，不仅杀菌力强，速度快，而且处理过的水无异味。

二、酸雨的形成与防治

(一) 酸雨的形成

酸雨这一概念是英国化学家史密斯于1892年最先提出的，顾名思义，酸雨就是显酸性的雨。目前，一般把pH小于5.6的雨水称为酸雨，它包括雨、雪、雹、雾等降水过程，从大气污染物沉降的角度又把"酸雨"称为"酸性降雨",又称"酸沉降",再考虑到环境的影响,为了更完整地表达"酸沉降"这个环境问题的概念,有人将其称为"环境酸化"。

酸雨主要是由上升的大气污染物质 NO、SO_2 等与大气中的水分在光照或其他条件下反应形成的。此外,还有其他很多含磷、硫、氮的有机污染物,氟化物,溴化物,氯化物等,甚至于 CO_2 也会在特殊情况下生成酸雨。还原性物质会被臭氧等氧化,进而与水结合形成酸雾或酸雨,同时消耗臭氧导致臭氧空洞,紫外线会乘虚而入,直接杀伤地球上的所有生命。氧化性物质会与还原性物质发生大气反应,生成氧化物,氧化物直接与水结合生成酸雨。

从污染源排放出来的 SO_2、NO_x 是酸雨形成的主要起始物。因为大气中的 SO_2、NO_x 经氧化后溶于水形成 H_2SO_4、HNO_3 和 HNO_2,造成了雨水 pH 降低,当 pH 低于 5.6 时,便形成了酸雨。

SO_2 主要由燃煤产生,NO_x 主要来源于机动车尾气排放。当然,自然因素如火山爆发、森林火灾及微生物分解有机物的过程中产生的硫化物和氮氧化物也不容忽视。因此,酸雨的形成是人为因素和自然因素综合作用的结果。

(二) 酸雨的危害与防治

酸雨的危害是多方面的,包括对人体健康、生态系统和建筑设施都有直接或潜在的危害。酸雨可使儿童免疫功能下降,慢性咽炎发病率增加,同时可使老人眼部、呼吸道疾病患病率增加。酸雨还可使农作物大幅度减产,特别是小麦在酸雨影响下,可减产 13%～34%。大豆、蔬菜也容易受酸雨危害,导致蛋白质含量和产量下降。酸雨对森林中植物危害也较大,常使森林中植物叶子枯黄、病虫害加重,最终造成大面积死亡。

酸雨是我们当今面临的、最为显著的空气污染问题之一。酸性物质及导致形成酸性物质的化合物,多是在燃烧矿物燃料来发电和供给运输时生成的,这些物质主要是从硫氧化物和氮氧化物衍生而成的酸。这些化合物也有一些天然来源,如雷电、火山、生物物料燃烧和微生物活动,但除了罕见的火山爆发外,这些天然来源的排气量同来自汽车、电厂和冶炼厂的排气量相比,是相当小的。

由于酸雨为二次污染物且具有跨区域污染的特性,以致影响层面相当广,故局部进行空气污染的改善,即使空气质量达标,对于酸雨的控制助益也很有限;必须削减空气中 SO_2、NO_x 的总量,方能遏制酸雨的危害。为了我们自身的安全,也为了我们的子孙后代,不要再过多地排放有害气体。

知识链接　　　　　　　　　　空气的化学污染

空气中污染物的来源:燃料燃烧排放的废气和烟尘、工业废气和汽车尾气;生活中燃烧香烟、建筑装饰材料等也会释放一些有毒气体。空气的主要化学污染类型有光化学烟雾、酸雨、温室效应和臭氧层破坏等。被污染的空气会损害人体健康,影响动植物的正常生长,破坏生态平衡;臭氧层破坏、温室效应加剧、可吸入颗粒物过多和酸雨等都与空气污染有关。保护空气要控制污染源,加强空气质量监测和预报,发展"绿色工业",使用清洁能源,植树造林,绿化环境。

【课堂互动】
1. 臭氧与氧气有何区别和联系?
2. 酸雨的主要成分有哪些?其主要危害表现在哪些方面?

本章小结

一、氯气及其重要化合物

知识点	知识内容
氯气	氯气分子是双原子分子，化学性质活泼，能与多种金属、非金属直接反应，还能与水、碱等化合物发生反应；氯气是重要的化工原料，用途广泛
氯的主要化合物	盐酸是主要的强酸之一，化学性质非常活泼，具有酸的通性。氯化物种类非常多，多为金属氯化物，大多易溶于水
卤离子的检验	加入硝酸银溶液会出现不同颜色的沉淀，再加入稀硝酸，沉淀不消失，根据沉淀颜色的不同可检验不同卤离子的存在

二、碳、氮、硫重要化合物

知识点	知识内容
碳及其主要化合物	1. 碳的同素异形体有金刚石、石墨和 C_{60} 等 2. 碳酸盐有正盐、酸式碳酸盐及碱式碳酸盐。除碳酸氢钠在水中的溶解度较小外，其他的酸式碳酸盐都易溶于水，而正盐中只有铵盐和碱金属的碳酸盐易溶于水
氮的重要化合物	1. 氮的氧化物有多种，在氧化物中氮的化合价从+1 到+5。主要有 N_2O、NO、N_2O_3、NO_2 和 N_2O_5 2. 氨水显碱性。铵盐都能跟强碱共热反应放出氨气，利用这个性质，实验室中可制取氨气，也可以检验 NH_4^+ 的存在 3. 硝酸是一种强酸，除具有酸的通性外，还有一些重要特性，如不稳定性、强氧化性等
硫的重要化合物	1. 金属硫化物是氢硫酸的正盐，除碱金属硫化物外，大多数难溶于水，并有特征颜色 2. 二氧化硫是一种危害较大的大气污染物，既有氧化性又有还原性。三氧化硫是一种强氧化剂，其水溶液为硫酸 3. 硫酸是一种强酸，具有酸的通性。此外，浓硫酸还有吸水性、脱水性和强氧化性；硫酸盐的种类较多，在工农业、医疗行业中都有着十分重要的用途 4. 硫酸根离子的检验：可以利用氯化钡溶液和硫酸盐反应生成的不溶于盐酸(或稀硝酸)的沉淀来检验硫酸根离子的存在

三、无机非金属材料

知识点	知识内容
传统硅酸盐产品	传统硅酸盐产品主要包括陶瓷、玻璃、水泥、耐火材料、搪瓷等 具有抗腐蚀、耐高温等优点，但也有质脆、经不起热冲击等弱点
新型无机非金属材料	新型无机非金属材料是将传统无机非金属材料的工艺改进和开发而制成的，其化学组成已超出了硅酸盐的范围，种类很多

四、酸　雨

酸雨主要是由上升的大气污染物质 NO、SO_2 等与大气中的水分在光照或其他条件下反应形成的。酸雨的危害是多方面的，包括对人体健康、生态系统和建筑设施都有直接和潜在的危害。

自 测 题

一、名词解释

1. 同素异形体　2. 酸雨　3. 臭氧层　4. 无机非金属材料

二、填空题

1. 漂白粉的有效成分是_____。漂白粉的漂白原理同氯气相同，是因为都能产生_____。

2. 氯气是_____色的气体，它的水溶液称为_____。

3. 氨极易溶于水，常温下，1体积的水可溶解_____的氨。

4. 硫化氢是_____色、有_____气味的气体，比空气_____。

三、单选题

1. 酸雨主要是由下列哪种物质形成的（　）
A. 二氧化硫　　　B. 氟氯代烃
C. 二氧化碳　　　D. 甲烷

2. 用浓硫酸干燥氢气,利用了浓硫酸的（　）
A. 吸水性　　　B. 脱水性
C. 氧化性　　　D. 还原性

3. 常温下，能使铁钝化的是（　）
A. 氢硫酸　　　B. 浓硝酸
C. 浓盐酸　　　D. 稀硫酸

4. 下列物质中，不能与铜发生反应的是（　）
A. 浓硝酸　　　B. 浓硫酸
C. 盐酸　　　　D. 稀硫酸

5. 硝酸应该避光保存是因为它具有（　）
A. 强氧化性　　　B. 强酸性
C. 不稳定性　　　D. 挥发性

6. 下列物质中的主要成分不是硅酸盐的是（　）
A. 玻璃　　　B. 水泥
C. 陶瓷　　　D. 大理石

四、简答题

1. 氯水为什么可作为漂白剂？干燥的氯气为什么没有漂白作用？自来水厂可以用氯气进行杀菌消毒吗？为什么？

2. 氨水和液氨有何区别？两种液体的导电性如何？

3. 浓硫酸常用作气体的干燥剂,是否可用来干燥氨气？

五、鉴别题

1. 用化学方法鉴别硫酸、硝酸和盐酸，写出鉴别方法及反应方程式。

2. 如何证明硫酸铵既是铵盐又是硫酸盐？写出证明方法及反应方程式。

(窦君霞)

第4章 常见的金属元素及其应用

在人类发现的118种元素中，大约4/5是金属元素。可见，金属元素在元素世界中有着重要的地位，金属元素的单质及其化合物在工业、农业、国防、科学技术等领域及人类生活各方面发挥着日益重要的作用。本章主要介绍常见的金属元素及其应用。

> **情景导入**
>
> 金属材料是航天航空领域应用最为广泛的材料。其中，应用最普遍的当属铝合金、钛合金、超高强度钢等。
> 问题：1. 这些金属有何性质？
> 　　　2. 这些金属材料为什么可以应用到航空航天领域？

第1节　金　属　通　性

一、金属元素在元素周期表中的位置

元素周期表是元素周期律的具体表现形式，是学习和研究化学的重要工具。元素在元素周期表中的位置与原子核外电子排布，特别是最外层电子排布有密切关系。元素周期表对金属元素和非金属元素进行了分区。如果沿着元素周期表中硼、硅、砷、碲、砹与铝、锗、锑、钋、镏的交界处画一条虚线，虚线的左侧是金属元素，右侧是非金属元素；位于虚线附近的元素，既表现金属元素的某些性质，又表现非金属元素的某些性质。

二、金属的性质

金属元素在元素周期表中的位置反映了该元素的原子结构特点，以此决定该元素的性质。

第一主族(ⅠA)元素，除氢(H)外，锂(Li)、钠(Na)、钾(K)、铷(Rb)、铯(Cs)、钫(Fr)都是典型的金属元素(其中钫为放射性元素)。除金属锂外，其氧化物的水化物都是强碱，被称为碱金属元素。这些元素的原子容易失去最外层的一个电子，性质非常活泼。从锂到铯，随着电子层数的增多，金属的活泼性越来越强。

第二主族(ⅡA)元素，包括铍(Be)、镁(Mg)、钙(Ca)、锶(Sr)、钡(Ba)、镭(Ra)六种元素(其中镭是放射性元素)。由于它们在性质上介于碱金属和土族元素之间，因此被称为碱土金属元素。这些元素的原子容易失去最外层的两个电子，因此性质活泼，在自然界中都以

化合态形式存在。

过渡金属元素，包括ⅢB～ⅡB族的元素。过渡金属元素的单质一般密度大，熔、沸点高，有较好的导电导热性、延展性和耐腐蚀性，人们利用其作为原料制成的特殊合金来制造导弹、火箭、宇宙飞船等；还从这些元素中寻找优良的催化剂、超导材料、磁性材料等。过渡金属元素的化合物及其溶液大多带有颜色。

(一) 金属的物理性质

1. 颜色与状态 由于金属中的自由电子吸收了各种颜色的可见光，使得金属不透明。自由电子又能将各种光的大部分再发射出来，使金属具有一定的光泽——金属光泽。根据金属颜色的不同，将金属分为黑色金属(包括铁、铬、锰)和有色金属(除铁、铬、锰以外的所有金属)；根据金属的密度不同，将金属分为轻金属(密度小于 $4.5g/cm^3$)和重金属(密度大于 $4.5g/cm^3$)；根据储量的不同，将金属分为常见金属(如铁、铝等)和稀有金属(如锆、钼、铀等)。

知识链接　　　　　金属之最

熔点最高的是钨，　　熔点最低的是汞；
硬度最大的是铬，　　硬度最小的是铯；
密度最大的是锇，　　密度最小的是锂。

2. 导电导热性 金属中的自由电子在外加电压作用下会定向移动形成电流，所以金属具有导电性，如铜、铝、银都是电的优良导体。金属的导电性随温度的升高而减弱。

当金属受热时，由于自由电子不断与原子或离子相互碰撞，会发生热量的传递和交换，因此金属还具有导热性。

3. 可塑性 当金属受到外力作用时，金属内各层之间的金属原子或离子容易做相对滑动，但仍保持着相互之间的作用力，金属发生变形而不致断裂，具有可塑性，即延展性。温度升高时，金属的延展性增大。

不同金属的延展性由强到弱的顺序是金、银、铝、铜、锡、铅、锌、铁。

金属除具有上述共性外，因原子的质量、核电荷的多少、原子的排列方式的不同，还有自己的特性，如熔点、沸点、硬度、密度各不相同。

(二) 金属的化学性质

金属原子都容易在化学反应中失去最外层电子被氧化，具有还原性。同主族金属元素从上到下随电子层数的增多，原子半径逐渐增大，失电子能力逐渐增强，金属性逐渐增强，其氧化物的水化物碱性逐渐增强。

1. 与非金属的反应 金属同非金属反应的难易程度与金属的活泼性有关。例如，活泼金属易与氧气反应，活泼性差的金属加热才能与氧气反应，金、铂等不活泼金属在较高温度下也不与氧气发生反应。

2. 与水的反应 活泼金属在常温下与水剧烈反应生成碱和氢气。金属活动性顺序表排在氢以前的金属大多与水反应，排在氢以后的金属则不与水反应。

3. 与酸的反应 金属活动性顺序表中排在氢以前的金属与稀酸反应放出氢气，排在氢以后的金属不能与稀酸反应。

冷的浓硫酸和浓硝酸能够将铁、铝氧化，并在铁、铝表面形成一层致密的氧化物薄膜。因此，工业上常用铁制容器盛浓硫酸，铝制容器盛浓硝酸。

4. 与盐反应 一般情况下，金属活动性顺序表中，前面的金属能把后面的金属从它的盐中置换出来。

【课堂互动】
1. 碱金属元素包括哪几种？它们氧化物的水化物碱性如何？
2. 同主族元素从上到下金属性是如何变化的？

第2节 几种重要的金属及其化合物

一、钠及其重要的化合物

（一）钠

钠(Na)位于元素周期表中第3周期ⅠA族，属于碱金属元素，最外电子层有1个电子，是活泼的金属元素。

1. 钠的物理性质 钠是银白色金属，柔软(可用刀切割)，熔点为97.81℃，沸点为882.9℃，具有良好的导电导热性，钠(相对密度为$0.97g/cm^3$)比水轻，又能与水发生剧烈反应生成氢气，故常保存于煤油中。

2. 钠的化学性质

(1) 钠与氧气等非金属的反应：常温下，钠即与空气中的氧气反应，生成氧化钠(暴露在空气中的钠，表面会很快发暗)。钠受热后能在空气中燃烧，在纯净氧气中燃烧更加剧烈，发出黄色火焰，最终生成过氧化钠。

$$4Na+O_2 == 2Na_2O$$

$$2Na+O_2 \xrightarrow{燃烧} Na_2O_2$$

(2) 钠与水的反应：剧烈反应，生成氢氧化钠和氢气。

$$2Na+2H_2O == 2NaOH+H_2\uparrow$$

(3) 钠的焰色反应：焰色反应，也称作焰色测试或焰色试验，是某些金属或它们的化合物在无色火焰中灼烧时使火焰呈现特殊颜色的反应。

【演示实验4-1】 把顶端弯成小圈的镍丝，蘸以浓盐酸，在酒精灯上灼烧至无色，蘸以1mol/L的氯化钠溶液，放在氧气火焰中燃烧，会呈现黄色火焰。

原子的结构不同，灼烧时发出不同波长的光，所以光的颜色也不同。利用焰色反应，可定性鉴别元素的存在，如表4-1所示。

表4-1 碱金属和碱土金属的焰色

离子	Li^+	Na^+	K^+	Rb^+	Cs^+	Ca^{2+}	Sr^{2+}	Ba^{2+}
焰色	红	黄	紫	紫红	紫红	砖红	洋红	黄绿

> **知识链接**　　　　　　　　烟花的制造原理
>
> 　　烟花是在火药(主要成分是硫、碳、硝酸钾等)中按一定的比例加入镁、铝、锑等金属粉末和钠、锶、钡等的金属化合物。由于不同的金属和金属离子在燃烧时会呈现出不同的焰色(即焰色反应),所以烟花在空中爆炸时,便会绽放出五彩缤纷的火花,不燃烧的物质便产生烟雾。

(二) 钠的重要化合物

钠的性质非常活泼,在自然界中只能以化合态形式存在(自然界中最重要的钠的化合物是氯化钠)。钠的化合物主要有氧化钠、氢氧化钠、钠盐等。

1. 氧化钠(Na_2O)　是白色固体,与水剧烈反应,生成氢氧化钠。

$$Na_2O+H_2O == 2NaOH$$

氧化钠不稳定,易被氧化成过氧化钠。

$$2Na_2O+O_2 == 2Na_2O_2$$

2. 过氧化钠(Na_2O_2)　是淡黄色固体,常用作氧化剂、漂白剂和氧气发生剂。

(1) 过氧化钠与水反应生成氢氧化钠和氧气。

$$2Na_2O_2+2H_2O == 4NaOH+O_2\uparrow$$

(2) 过氧化钠与二氧化碳反应生成碳酸钠和氧气。

$$2Na_2O_2+2CO_2 == 2Na_2CO_3+O_2\uparrow$$

利用这一性质可将过氧化钠作为高空飞行和潜水时的供氧剂、二氧化碳的吸收剂。

3. 碳酸氢钠($NaHCO_3$)

(1) 物理性质:碳酸氢钠俗称小苏打,是白色的细小晶体,密度为$2.15g/cm^3$,无臭,味咸,其水溶液呈较弱的碱性。常温下性质稳定,受热易分解,在潮湿空气中缓慢分解。

(2) 化学性质

1) 受热易分解,碳酸氢钠在常温下很稳定,但在70~80℃时开始分解。

$$2NaHCO_3 \xrightarrow{\triangle} Na_2CO_3+H_2O+CO_2\uparrow$$

2) 碳酸氢钠与盐酸反应生成氯化钠、二氧化碳和水。

$$NaHCO_3+HCl == NaCl+H_2O+CO_2\uparrow$$

3) 碳酸氢钠与碱反应生成碳酸钠和水。

$$NaHCO_3+NaOH == Na_2CO_3+H_2O$$

4) 碳酸氢钠与硫酸铝反应生成硫酸钠、氢氧化铝和二氧化碳。

$$Al_2(SO_4)_3+6NaHCO_3 == 3Na_2SO_4+2Al(OH)_3\downarrow+6CO_2\uparrow$$

利用此反应可制得泡沫灭火器。

碳酸氢钠是发酵粉的主要成分,广泛用在食品工业上,医药上用它中和过量胃酸,纺织上用作羊毛洗涤剂。

4. 碳酸钠(Na_2CO_3)　又名苏打,工业上称为纯碱。碳酸钠为白色粉末,高温下易分解,易溶于水,水溶液呈碱性。碳酸钠是重要的化工原料,在石油、造纸、玻璃、纺织等行业都大量使用。

知识链接　　侯德榜与制碱工业

侯德榜是我国化学工业的开拓者,以发明联合制碱法而闻名于世。

我国无机合成是从盐碱化工开始的。1921 年,刚刚在美国获得化学工程博士学位的侯德榜接受著名实业家范旭东的邀请,为振兴民族工业,参加了永利公司天津塘沽碱厂的建设与生产。侯德榜带领职工日夜艰苦奋战,终于在 1926 年首次生产出了纯碱,打破了我国纯碱依赖进口的局面,并在 1929 年生产出纯度高达 99%的纯碱。中国永利的红三角纯碱在万国博览会上荣获金奖。侯德榜用英文出版的《纯碱制造》,为世界制碱工业做出了巨大贡献。

5. 氢氧化钠(NaOH)　　俗称烧碱、苛性钠、火碱,是最常见的强碱,纯氢氧化钠是白色的片状或块状固体,极易溶于水。氢氧化钠是重要的化工原料,广泛用于轻工纺织、化工、石油、冶金等行业。纺织、造纸需要的氢氧化钠约占生产总量的 1/3 以上,其还是制造合成洗涤剂、肥皂的原料。

氢氧化钠的溶液会严重灼伤皮肤,因此在制备和使用时要特别小心。

(1) 与酸剧烈反应生成盐和水。

$$NaOH+HCl = NaCl+H_2O$$

(2) 能与铝、锌等金属发生反应放出氢气。

$$2Al+2NaOH+2H_2O = 2NaAlO_2+3H_2\uparrow$$

(3) 能与非金属硅及其氧化物发生反应。

$$2NaOH+Si+H_2O = Na_2SiO_3+2H_2\uparrow$$

$$2NaOH+SiO_2 = Na_2SiO_3+H_2O$$

因氢氧化钠能与二氧化硅发生反应,因此存放氢氧化钠溶液的试剂瓶不能用玻璃塞。否则,长期存放,氢氧化钠与玻璃中的主要成分二氧化硅反应,会使玻璃塞与瓶口粘连在一起,难以打开。

(4) 与某些酸性氧化物反应生成盐和水。

$$2NaOH+CO_2 = Na_2CO_3+H_2O$$

固体氢氧化钠在空气中除吸收水分外,还吸收二氧化碳生成碳酸钠而变质。因此,在储存和运输氢氧化钠时必须密封。

工业上用电解食盐水的方法制取氢氧化钠。

$$2NaCl+2H_2O \xrightarrow{\text{电解}} 2NaOH+H_2\uparrow+Cl_2\uparrow$$

工业上通常把硫酸、盐酸、硝酸、碳酸钠、氢氧化钠称为"三酸二碱",是化学工业的基本原料。

6. 氯化钠(NaCl)　　在自然界中主要存在于海水和岩盐中。氯化钠是日常生活和工业生产中不可缺少的物质,除供食用外,还是重要的化工基本原料,可用于制备多种化工产品,如氢氧化钠、氯气、氯化氢等。

食盐的提取采用蒸发结晶的方法,一般利用太阳能,把盐水的水分蒸发,使氯化钠结晶析出。这样得到的食盐,含有硫酸钙、硫酸镁、氯化钙等杂质(称粗盐),把粗盐溶于水,加入适量的氯化钡、碳酸钠和氢氧化钠,使其杂质沉淀析出,经过滤、蒸发、浓缩,即可得到精盐。

二、镁、钙及其重要化合物

镁、钙是元素周期表中ⅡA族的元素,最外电子层有两个电子,具有较活泼的金属性,但金属性比相应的碱金属差。

(一) 镁及其重要化合物

1. 镁(Mg) 纯净的镁具有银白色金属光泽,熔点是648.8℃,沸点是1107℃,密度为1.738g/cm³,硬度小,导电性强。

(1) 镁性质活泼,室温下能被空气中的氧气缓慢氧化,在空气中点燃,会剧烈燃烧且发出白光。

$$2Mg+O_2 \xrightarrow{点燃} 2MgO$$

(2) 镁在高温下还能夺取某些氧化物中的氧。例如,

$$2Mg+SiO_2 \xrightarrow{高温} 2MgO+Si$$

工业上用电解氯化镁的方法制取镁。

$$MgCl_2 \xrightarrow{电解} Mg+Cl_2\uparrow$$

镁的主要用途是制造镁合金,如镁和铝、锌、锰等金属的合金密度小、硬度大、韧性好,是制造汽车、飞机、火箭的重要材料,并因此获得"国防金属"的美誉。在钢铁行业中可用于浇铸球墨铸铁;在稀有金属的冶炼中作还原剂和脱氧剂;镁还用于制造照明弹、焰火等。

2. 镁的重要化合物 镁的重要化合物有氧化镁、氢氧化镁和镁盐。

(1) 氧化镁(MgO):是难溶于水的白色粉末状固体。氧化镁的熔点是2800℃,硬度较高,是优良的耐火材料。

工业上氧化镁的制取方法是煅烧菱镁矿(主要成分为碳酸镁)。

$$MgCO_3 \xrightarrow{\triangle} MgO+CO_2\uparrow$$

(2) 氢氧化镁[Mg(OH)₂]:是中等强度的碱,具有一般碱的通性,溶解度很小。氢氧化镁可用于制造牙膏,它的悬浮物在医药上作抑酸剂。

工业上用澄清的石灰水和可溶性镁盐制取氢氧化镁。

$$MgCl_2+Ca(OH)_2 =\!=\!= CaCl_2+Mg(OH)_2\downarrow$$

(3) 氯化镁(MgCl₂):是较重要的镁盐,其晶体(MgCl₂·6H₂O)无色,是盐卤的主要成分。光卤石(KCl·MgCl₂·6H₂O)是制造氯化镁的主要原料。氯化镁具有吸潮性,普通食盐具有潮解现象就是其中含有氯化镁的缘故。

氯化镁溶液与氧化镁按一定的配料比,可调制成胶凝材料,俗称镁水泥。镁水泥强度高、硬化快;还可用碎石、刨花等作填料,制造人造大理石、刨花板等。

(二) 钙及其重要化合物

1. 钙(Ca) 纯净的钙是银白色金属,熔点为839±2℃,沸点为1484℃,密度为1.54g/cm³,硬度小。钙元素化学性质非常活泼,在自然界中以化合态形式存在。含钙元素的物质灼烧时会产生绚丽的砖红色,可用于制造焰火。

钙与水发生剧烈反应，生成氢氧化钙并放出氢气。

$$Ca+2H_2O = Ca(OH)_2+H_2\uparrow$$

2. 钙的重要化合物 钙的重要化合物主要有氧化钙、氢氧化钙、钙盐。

(1) 氧化钙(CaO)：俗名生石灰。纯净的氧化钙是白色固体，不纯者为灰白色，具有吸湿性。氧化钙易从空气中吸收二氧化碳及水分。

氧化钙与水反应生成氢氧化钙并产生大量的热，有腐蚀性。

$$CaO+H_2O = Ca(OH)_2$$

工业上用石灰石煅烧法生产氧化钙，将经筛选的石灰石及燃料定时、定量由窑顶加入窑内，于 900～1200℃ 的温度煅烧，再经冷却即得成品。

$$CaCO_3 \xrightarrow{\triangle} CaO+CO_2\uparrow$$

氧化钙有广泛的用途。可用作填充剂；用作分析试剂，气体分析时作为二氧化碳的吸收剂；实验室氨气的干燥剂及醇类的脱水剂；可用于制造电石、纯碱、漂白粉等；可用作建筑材料、冶金助熔剂、荧光粉的助熔剂；可用作耐火材料；还用于酸性废水处理及污泥调质。

(2) 氢氧化钙[Ca(OH)$_2$]：俗名熟石灰、消石灰，是一种白色粉末状固体，微溶于水，其水溶液常称为石灰水，呈碱性。氢氧化钙具有吸水性，在空气中吸收二氧化碳和水等从而变质。溶于酸、铵盐，微溶于水，对皮肤、织物有腐蚀作用。

1) 氢氧化钙溶液和碳酸钠溶液反应生成氢氧化钠。

$$Ca(OH)_2+Na_2CO_3 = CaCO_3\downarrow+2NaOH$$

利用此反应制取少量烧碱。

2) 氢氧化钙和二氧化碳反应。

$$Ca(OH)_2+CO_2 = CaCO_3\downarrow+H_2O$$

这是石灰浆涂到墙上时氢氧化钙的反应，墙会"冒汗"是因为生成了水，墙变得坚固是因为生成了碳酸钙。此反应也用于检验 CO_2 的生成或存在。

氢氧化钙是一种中强性碱，有广泛的用途。农业上用它降低土壤酸性，改良土壤结构。农药波尔多液是用石灰乳与硫酸铜水溶液按一定比例配制的，因 1885 年首先用于法国波尔多市而得名。制糖工业中用氢氧化钙中和糖浆中的酸，减少糖的酸味。

氢氧化钙的制备方法：由氧化钙和水反应生成氢氧化钙的料液，经净化分离除渣，即为氢氧化钙成品。

$$CaO+H_2O = Ca(OH)_2$$

(3) 硫酸钙(CaSO$_4$)：是白色固体。CaSO$_4$·2H$_2$O 称为石膏，是一种水合物。我国石膏矿产资源丰富，已探明的各类石膏总量约为 570 亿吨，居世界首位。

将石膏加热到 150～170℃ 时，石膏失去所含大部分结晶水变成熟石膏(CaSO$_4$·1/2H$_2$O)

$$2CaSO_4 \cdot 2H_2O \xrightarrow{\triangle} 2CaSO_4 \cdot 1/2H_2O+3H_2O$$

熟石膏与水混合成糊状物后很快凝固，重新变成石膏。人们利用这一性质制作各种模型和医疗用石膏绷带。

石膏是一种用途广泛的工业材料和建筑材料，用于水泥缓凝剂、石膏建筑用品，具有优良的隔音、隔热和防火性能。另外,石膏可用作食品添加剂、纸张填料、油漆填料,制作豆腐时,在豆浆中加入石膏,可促使蛋白质聚沉。

(4) 氯化钙($CaCl_2$):是无色立方结晶体,无毒、无臭、味微苦,吸湿性强,易潮解,水溶液呈微碱性。常见的是六水合氯化钙($CaCl_2 \cdot 6H_2O$)。以 1.44∶1 的比例使 $CaCl_2 \cdot 6H_2O$ 与冰混合,可获得-50℃以下的低温,故可作制冷剂。将 $CaCl_2 \cdot 6H_2O$ 熔融脱水后,即成无水氯化钙,它具有强的吸湿性,是工业和实验室常用的干燥剂之一。因氯化钙可与气态氨形成氨合物,故不能用于氨气的干燥。

知识链接　　　硬水及其软化

天然水特别是地下水,因与土壤、矿物质接触,溶解了许多杂质,通常含有钙和镁的酸式碳酸盐、碳酸盐、硫酸盐、氯化物等。根据水中钙、镁离子的含量,把天然水分为两种:含有较多钙、镁离子的水称为硬水;含有少量钙、镁离子的水称为软水。硬水又分为暂时硬水和永久硬水。

硬水对生产和生活都有很大的危害。因此,硬度较高的天然水使用前,必须进行软化处理,除去钙、镁离子,这个过程称硬水的软化。硬水软化的方法主要是石灰-纯碱法、离子交换法、膜分离法等。

三、铝及其重要化合物

(一) 铝(Al)

1. 铝的物理性质　铝是元素周期表中ⅢA族的元素,为银白色金属,熔点为 660.4℃,沸点为 2327℃;密度为 2.7g/cm³,仅为钢的 1/3 左右;导电性仅次于银、铜和金。

2. 铝的化学性质　金属铝的化学性质活泼,易与氧气发生反应。常温下,金属铝被空气中的氧气氧化,在表面生成一层致密的氧化物薄膜,这层薄膜能阻止内部的金属继续与氧气发生反应,所以铝具有抗腐蚀的性能。

(1) 铝在氧气中的燃烧反应

$$4Al+3O_2 \xrightarrow{\text{点燃}} 2Al_2O_3$$

此反应放出大量的热,同时发出耀眼的白光,因此,金属铝可用于制造燃烧弹、信号弹、火箭推进剂等。

(2) 铝与某些氧化物的反应:铝在高温下与氧化铁发生氧化还原反应。

$$2Al+Fe_2O_3 \xrightarrow{\text{高温}} Al_2O_3+2Fe$$

这个反应称为铝热反应,铝粉和氧化铁粉末的混合物称为铝热剂。铝热反应可放出大量的热,温度可高达 2200℃,常用于焊接钢轨等。这种焊接不用电源,而且焊接的速度快、设备简单,适于野外作业。此外,在工业上,也利用铝热反应焊接大截面的钢材部件。

(3) 铝的两性反应:金属铝能与盐酸、稀硫酸等发生反应,还能与碱溶液发生反应。可见,铝是两性元素,以金属性为主。

$$2Al+6HCl = 2AlCl_3+3H_2\uparrow$$

$$2Al+2NaOH+2H_2O = 2NaAlO_2+3H_2\uparrow$$

3. 铝的冶炼和用途　铝在自然界中以化合态形式存在。重要的存在形式是铝土矿,还有高岭土、明矾石、长石、白云母等。

工业上主要用电解法制取铝，原料是氧化铝，因其熔点很高(约 2045℃)，很难熔化，故可用熔化的冰晶石(Na_3AlF_6)作熔剂，使氧化铝在 1000℃左右熔解在液态的冰晶石里，形成冰晶石和氧化铝的熔融体，然后进行电解。

$$2Al_2O_3(熔融) \xrightarrow{电解} 4Al+3O_2\uparrow$$

铝的用途非常广泛。可用来冶炼稀有金属，其合金质轻而坚韧，是制造飞机、火箭、汽车的结构材料；纯铝可做超高压的电缆；铝的可塑性强，易加工且外观美，常用于机械加工、家电制造、日用品制造和建筑装饰业，日常生活到处可见到铝的身影。随着科技进步，电子工业、信息工业、新材料工业等用铝量日益增大，铝的应用领域越来越广泛。

(二) 铝的重要化合物

1. 氧化铝(Al_2O_3) 自然界中氧化铝主要存在于铝土矿中。自然界中存在的比较纯净的氧化铝晶体，称为刚玉。其硬度仅次于金刚石，一般不透明，常因含有微量元素而呈现出鲜明的颜色。

氧化铝是一种不溶于水且极难溶解的物质，属于两性化合物。其既能溶于强酸溶液，又能溶于强碱溶液。像氧化铝这样既能和酸反应生成盐和水，又能和碱反应生成盐和水的氧化物，为两性氧化物。

$$Al_2O_3+6HCl = 2AlCl_3+3H_2O$$

$$Al_2O_3+2NaOH = 2NaAlO_2+H_2O$$

氧化铝是冶炼铝的原料，还是优质的耐火材料，可用于制造耐火坩埚、耐火管等耐高温的实验仪器。

2. 氢氧化铝[$Al(OH)_3$] 是几乎不溶于水的白色胶状物质，可通过铝盐溶液与氨水反应制得。

$$AlCl_3+3NH_3·H_2O = Al(OH)_3\downarrow+3NH_4Cl$$

氢氧化铝能凝聚水中的悬浮物，又能吸附色素，可用于水的净化。

氢氧化铝属于两性氢氧化物，既能与强酸反应，又能与强碱反应。

$$Al(OH)_3+3HCl = AlCl_3+3H_2O$$

$$Al(OH)_3+NaOH = NaAlO_2+2H_2O$$

3. 十二水合硫酸铝钾[$KAl(SO_4)_2·12H_2O$] 又称明矾，是无色晶体，易溶于水。硫酸铝钾是由两种不同的金属离子和一种酸根离子组成的盐，像这样的盐称为复盐。硫酸铝钾能够发生水解反应，水解生成的 $Al(OH)_3$ 有强的吸附能力，能吸附水中的杂质，且形成沉淀，因此，明矾是一种较好的净水剂。

> **知识链接** 人体中的铝
>
> 铝是人体必需的微量元素之一。人体内微量铝的存在能阻止肠道内磷的过量吸收，可降低血磷含量，阻止继发性甲状腺功能亢进引发的血磷增高、软组织钙化及肾结石形成。正常人大脑含铝仅为2～3mg，若铝的摄入量过多，在人体的大脑、肝、脾、甲状腺等组织蓄积，会损害中枢神经系统功能，引起行为异常、智能障碍、反应迟钝，加快人体衰老和诱发阿尔茨海默病。

四、铁、铜及其重要化合物

(一) 铁及其重要化合物

1. 铁(Fe)

(1) 铁的物理性质：铁的原子序数是 26，是位于元素周期表中第 4 周期Ⅷ族的第一个元素。铁元素在地壳中的质量分数为 4.75%，仅次于氧、硅和铝，铁在自然界中主要以化合态形式存在，如赤铁矿(主要成分 Fe_2O_3)、磁铁矿(主要成分 Fe_3O_4)、黄铁矿(主要成分 FeS_2)。纯净的铁是光亮的银白色金属，密度较大，熔点为 1538℃，沸点为 2750℃。纯铁具有良好的导磁性能，是一种优质磁性材料，抗腐蚀能力很强，有良好的延展性和导热性，导电性比铜、铝差。

(2) 铁的化学性质：铁是中等活性金属，化合价有+2 价和+3 价，以+3 价更为稳定。

1) 铁的单质具有还原性，如能将硫酸中电离出的 H^+ 还原成 H_2。

$$Fe+H_2SO_4 == FeSO_4+H_2\uparrow$$

2) 铁与非金属的反应：铁在氯气中燃烧生成红棕色的三氯化铁烟雾。

$$2Fe+3Cl_2 \xrightarrow{燃烧} 2FeCl_3$$

3) 铁与水的反应：常温下铁与水不起反应，但在高温下能发生反应。

$$3Fe+4H_2O(气) \xrightarrow{高温} Fe_3O_4+4H_2\uparrow$$

(3) 亚铁离子与铁离子的相互转化及检验：含有 Fe^{3+} 的化合物通常具有氧化性，如在 $FeCl_3$ 溶液与单质铁的反应中，溶液中的 Fe^{3+} 将铁原子氧化为 Fe^{2+}，自身被还原为 Fe^{2+}。

$$2FeCl_3+Fe == 3FeCl_2$$

含有 Fe^{2+} 的化合物既具有氧化性，又具有还原性。含 Fe^{2+} 化合物既可作氧化剂，又可作还原剂。例如，在 $FeCl_2$ 溶液与锌的反应中，Fe^{2+} 作氧化剂，将锌原子氧化为 Zn^{2+}，自身被还原为单质铁。

$$FeCl_2+Zn == ZnCl_2+Fe$$

在 $FeCl_2$ 溶液与氯气的反应中，氯化亚铁作还原剂，溶液中的 Fe^{2+} 被氯分子氧化为 Fe^{3+}，氯分子被还原为 Cl^-。

$$2FeCl_2+Cl_2 == 2FeCl_3$$

Fe^{3+} 与 SCN^- 反应，生成红色的 $Fe(SCN)_3$，常用此反应检验 Fe^{3+} 的存在。

$$FeCl_3+3KSCN == 3KCl+ Fe(SCN)_3(红色)$$

2. 铁的重要化合物 主要有氧化铁、氢氧化铁、铁盐。

(1) 铁的氧化物：有氧化亚铁(FeO)、氧化铁(Fe_2O_3)和四氧化三铁(Fe_3O_4)。
氧化亚铁是一种黑色粉末，不稳定，易被氧化。

$$6FeO+O_2 \xrightarrow{\triangle} 2Fe_3O_4$$

氧化铁是一种红棕色粉末，可作油漆的颜料。氧化亚铁和氧化铁都能与酸反应。

$$FeO+2HCl == FeCl_2+H_2O$$

$$Fe_2O_3+6HCl = 2FeCl_3+3H_2O$$

四氧化三铁是具有磁性的黑色晶体,在四氧化三铁中存在铁的两种不同价态的离子,其中 Fe^{2+} 占 1/3,Fe^{3+} 占 2/3。

(2) 铁盐:主要有硫酸亚铁($FeSO_4$)、氯化铁($FeCl_3$)等。

硫酸亚铁常以 $FeSO_4·7H_2O$ 的形式存在。我们常把含结晶水的硫酸盐称为矾。例如,$FeSO_4·7H_2O$ 俗称绿矾,又称黑矾或皂矾,是制造蓝黑墨水的原料,还用于染料和木材防腐。农业上用绿矾作杀虫剂。

氯化铁的熔点是 306℃,易水解,一般都带结晶水,通常为 $FeCl_3·6H_2O$。氯化铁主要用于染料的生产,因它能使蛋白质迅速凝聚,在医疗上作为外伤的止血剂。

(3) 铁的氢氧化物:有氢氧化亚铁[$Fe(OH)_2$]和氢氧化铁[$Fe(OH)_3$]。

氢氧化亚铁是白色固体,不溶于水,很不稳定,易被氧化为氢氧化铁。

硫酸亚铁与氢氧化钠溶液反应生成的白色的氢氧化亚铁沉淀,在空气中迅速变成灰绿色,最后变成红褐色。这是因为氢氧化亚铁被空气中的氧气氧化成了红褐色氢氧化铁,发生的反应为

$$FeSO_4+2NaOH = Fe(OH)_2\downarrow+Na_2SO_4$$

$$4Fe(OH)_2+O_2+2H_2O = 4Fe(OH)_3\downarrow$$

3. 钢铁冶炼的化学原理 铁在人类的生产和生活中有着十分重要的作用。由铁矿石冶炼得的生铁虽然硬度很大,但较脆且不易加工,人们便设法降低生铁中的碳元素含量并增加硅、锰等元素含量,把铁转化为钢,改善铁的性能,使钢铁成为工业社会的支柱。

(1) 铁的冶炼:炼铁的主要原料是铁矿石、焦炭、石灰石和空气。

炼铁的主要反应原理是通过燃烧焦炭供给的热量使铁矿石熔化,焦炭燃烧产生的一氧化碳作还原剂,将铁的氧化物还原成单质铁。

$$Fe_2O_3+3CO \xrightarrow{\text{高温}} 2Fe+3CO_2$$

(2) 钢的冶炼:含碳 2%以上的铁称为生铁或铸铁。含碳少于 0.02%的铁称为熟铁或锻铁。含碳在 0.02%~2%的称为钢。生铁脆且硬,不易机械加工,熟铁易加工但太软,钢既有一定的韧性,又有一定的硬度,易加工,应用广泛。

炼钢时,在高温下把熔融的生铁进行氧化,生成氧化亚铁与生铁中过多的碳和其他杂质反应,将生成的气体或炉渣除去。

炼钢的方法有电炉炼钢法、平炉炼钢法、氧气顶吹转炉炼钢法。

知识链接 人体中的铁

铁元素是生物体中含量最高的生命必需微量元素。铁的化合物在生物体内承担着极其重要的生理功能,其中以血红蛋白的功能最为显著。血红蛋白分子中含有 Fe^{2+},正是这些 Fe^{2+} 使血红蛋白分子具有载氧功能;血红蛋白分子从肺部将吸入的氧气输送到全身各处,供细胞使用。如果人体缺铁,就会出现贫血症状。

人体内的铁元素主要来源于食物。适量服用维生素 C 有利于铁元素的吸收。动物血、肝、骨髓及蛋黄、菠菜、红枣、大豆、芝麻等食物含铁丰富,可以多食用。

(二) 铜及其重要化合物

1. 铜(Cu) 铜的原子序数是 29，位于周期表中第 4 周期 ⅠB 族。铜是硬度较小的紫红色金属，具有良好的延展性、导电性和导热性。

铜是不活泼金属。常温下，铜在干燥的空气中性质稳定，但在潮湿的空气中会被腐蚀，形成一层绿色的铜锈(碱式碳酸铜)，又称"铜绿"。

$$2Cu+H_2O+CO_2+O_2 = Cu_2(OH)_2CO_3$$

2. 铜的重要化合物 主要有氧化亚铜(Cu_2O)、氧化铜(CuO)、硫酸铜($CuSO_4$)。

(1) 氧化亚铜和氧化铜：氧化亚铜呈红色，其热稳定性很好；氧化铜呈黑色，800℃时分解成氧化亚铜和氧气。

$$4CuO \xrightarrow{\triangle} 2Cu_2O+O_2\uparrow$$

氧化亚铜用于制造玻璃、搪瓷的红色染料；氧化铜用于制造铜盐。

(2) 硫酸铜：是白色粉末，硫酸铜晶体($CuSO_4 \cdot 5H_2O$)呈蓝色，俗称蓝矾、胆矾，受热转化成白色的硫酸铜。

$$CuSO_4 \cdot 5H_2O \xrightarrow{\triangle} CuSO_4+ 5H_2O$$

利用无水硫酸铜吸水变成蓝色的性质，可检验乙醇、乙醚等有机溶剂中的水。

【课堂互动】
1. 存放氢氧化钠溶液的试剂瓶为何不能用玻璃塞？
2. 工业上的"三酸两碱"是什么？
3. 镁元素为何有"国防金属"的美誉？

第3节 合 金

一、合 金

合金是由两种或两种以上的金属，或金属与非金属熔合而成的具有金属特性的物质。一般通过熔合成均匀液体并凝固而制得。合金可以保持甚至强化单一金属的长处，克服其不足，所以，合金的性能一般优于纯金属。根据组成元素的不同，合金可分为二元合金、三元合金和多元合金。根据合金中含量较大的主要金属名称而分类，称作某某合金，如铜含量高的称为铜合金，其性能主要保持铜的性能。合金一般分为三种类型。

1. 混合物合金(共熔混合物) 当液态合金凝固时，构成合金的各组分分别结晶而形成的合金，如焊锡、铋铬合金等。

2. 固溶体合金 当液态合金凝固时，形成固溶体的合金，如金银合金等。

3. 金属互化物合金 各组分相互形成化合物的合金，如铜、锌组成的黄铜(β-黄铜、γ-黄铜和ε-黄铜)等。

二、合金的性质

合金与各成分金属相比，具有许多优良的物理、化学和机械性能，其具有以下通性：

1. 多数合金熔点低于其组分中任何一种组成金属的熔点。
2. 硬度一般比其组分中任一金属的硬度大。特例：钠钾合金是液态的，用作原子反应堆里的导热剂。
3. 合金的导电性和导热性低于任一组分金属，利用合金的这一特性可以制造高电阻和高热阻材料，还可制造有特殊性能的材料。
4. 有的抗腐蚀能力强。如在普通钢的基础上加入铬和镍制成的不锈钢，在空气中保持金属光泽，具有不生锈的特性，适用于化学工业。

三、常见的合金

（一）钢

钢是铁与 C、Si、Mn、P、S 及少量其他元素组成的合金。铁在人类的生产和生活中有着十分重要的作用，铁的应用经历了"铁—普通钢—不锈钢等特种钢"的演变过程。

钢是含碳量为 0.02%～2% 的铁碳合金，不锈钢是在普通钢的基础上加入铬、镍等元素炼成的钢材，有金属光泽且有不生锈的特性。不同类型的不锈钢含铬量都在 12% 以上，含铬元素的不锈钢表面形成致密且坚固的氧化膜，阻止内部铁与外部物质接触，含镍元素的不锈钢在酸、碱、盐的水溶液中具有良好的化学稳定性和耐腐蚀性。不锈钢的优良性能使其在化工生产、医疗器械制造、建筑装饰业及人们的日常生活中得到广泛的应用。

（二）铝合金

金属铝的强度较低，耐磨性较差，加入其他元素如铜、镁、硅、锌等，形成了各种性能优良的铝合金。铝合金密度小、强度高，具有良好的塑性，易于成形，制造工艺简单，成本低廉。铝合金表面易形成致密的氧化物薄膜，具有一定的抗腐蚀性，可用于制造能承受大载荷且强烈耐磨损的构件。

铝合金主要用于建筑业、容器和包装业、汽车制造及电子行业，如铝合金制成门窗广泛应用于建筑业，作为建筑外墙材料用在装饰业。用铝合金材料制成的汽车车轮及骨架，质轻、强度大且变形性小。高强度铝合金广泛用于制造飞机、舰艇和载重汽车。

（三）铜合金

铜合金主要有黄铜、青铜和白铜，在工业上有广泛的应用。

黄铜是铜和锌的合金，其中铜占 60%～90%，锌占 40%～10%，具有良好的导热性和耐腐蚀性，可用于制备各种仪器零件。在黄铜中加入少量有润滑作用的铅，可用作滑动轴承材料。黄铜中加入少量的锡，称为海军黄铜，有很好的抗海水腐蚀能力。

青铜是铜和锡的合金，是人类使用最早的金属材料。青铜提高了铜的强度，增加了铜的塑性，抗腐蚀性增强，常用于制造齿轮等耐磨零部件和耐腐蚀部件。因锡较贵，常用铝、锰、硅来代替锡，得到了一系列青铜合金，如铝青铜的耐腐蚀性比锡青铜还好。

白铜是铜和镍的合金，具有高电阻、优良的耐腐蚀性，可用作强腐蚀工作条件下的零部件和电阻器的材料。

(四) 钛合金

钛是元素周期表中第 4 周期ⅣB 族元素,外观似钢,熔点为 1672℃。在地壳中含量丰富。钛是一种活泼金属,但因表面易形成致密的氧化物保护膜,使其不与其他物质反应,具有一定的抗腐蚀性。钛具有熔点高、硬度大、可塑性强、密度小的优点,广泛应用于飞机、火箭、人造卫星、宇宙飞船、舰艇、化工设备、医疗器械等的制造中。钛还被称为一种"亲生物金属",可用于制造人造骨骼。

液体的钛几乎能熔解所有金属,形成固熔体式金属化合物等各种合金。合金中元素铝、锡、硅、锰的加入,改善了钛的性能,适应了不同行业的需求。例如,Ti-Al-Sn 合金具有很高的热稳定性,可在相当高的温度下长时间工作应用。以 Ti-Al-V 为代表的超塑性合金可伸长加工成型。

目前,因金属钛的冶炼技术不成熟,成本较高,使用受到限制。我们相信,随着科技的发展,钛冶炼技术不断提高,钛将成为继铁、铝后的"第三金属"而被广泛应用。

工业上应用合金的种类已达到数千种,根据不同的性能和用途,还分为耐腐蚀合金、耐热合金、磁性合金等特种合金。

【课堂互动】
1. 合金分为几种类型?
2. 铝合金有什么特点?它的主要用途是什么?

本 章 小 结

一、金属在元素周期表中的位置及通性

知识点	知识内容
金属的原子结构和存在状态	活泼金属最外层电子数少,容易失去电子,性质活泼,在自然界中以化合态形式存在。不活泼的金属以单质和化合态形式存在
物理性质	金属具有金属光泽,导电性和导热性良好,可塑性好。不同的金属还有各自的特性,如熔点、沸点、密度、硬度等各不相同
化学性质	主要化学性质有金属与非金属的反应,金属与酸的反应,金属与水的反应,金属与其他化合物的反应

二、几种重要金属元素及其化合物的性质和用途

金属	主要性质	主要化合物	备注
钠	1. 与非金属反应 2. 与水反应 3. 焰色反应 (黄色火焰)	1. 氧化钠 2. 过氧化钠 3. 碳酸氢钠 4. 碳酸钠 5. 氢氧化钠 6. 氯化钠	1. 钠的鉴别:焰色反应,产生黄色火焰 2. 工业上用电解食盐水的方法制取氢氧化钠 3. 存放氢氧化钠溶液的试剂瓶不能用玻璃塞

续表

金属	主要性质	主要化合物	备注
镁	1. 氧化反应 2. 与氧化物反应	1. 氧化镁 2. 氢氧化镁 3. 氯化镁	1. 镁在空气中点燃,剧烈燃烧且发出白光 2. 工业上用煅烧菱镁矿制取氧化镁,用澄清的石灰水和可溶性镁盐制取氢氧化镁
钙	1. 与水剧烈反应 2. 焰色反应 (砖红色火焰)	1. 氧化钙 2. 氢氧化钙 3. 硫酸钙 4. 氯化钙	1. 氢氧化钙与二氧化碳反应生成碳酸钙,此反应用于检验二氧化碳 2. 用氧化钙和水反应来制备氢氧化钙
铝	1. 在氧气中燃烧 2. 与某些氧化物反应 3. 两性反应	1. 氧化铝 2. 氢氧化铝 3. 硫酸铝钾	1. 氧化铝为两性氧化物 2. 氢氧化铝为两性氢氧化物 既能与酸反应,又能与碱反应
铁	1. 具有还原性 2. 与非金属反应 3. 与水反应 4. 亚铁离子与铁离子相互转化	1. 铁的氧化物 2. 铁盐 3. 铁的氢氧化物	1. Fe^{3+}的检验方法:Fe^{3+}与SCN^-反应,生成红色的$Fe(SCN)_3$ 2. 钢铁冶炼化学原理
铜	不活泼金属,潮湿空气中会被腐蚀成"铜绿"	1. 氧化亚铜 2. 氧化铜 3. 硫酸铜	1. 氧化亚铜呈红色 2. 硫酸铜晶体呈蓝色
合金	1. 熔点低于其组分中任一种组成金属 2. 一般地,硬度大于其组分中任一种组成金属 3. 导电性、导热性低于其组分中任一种组成金属 4. 有的合金抗腐蚀能力强	常见的合金有 1. 钢铁:铁与C、Si、Mn、P、S及少量其他元素组成的合金。用于化工、医疗、建筑装饰等行业 2. 铝合金:铝中加入其他元素如铜、镁、硅、锌等形成。主要用于建筑业、容器和包装业、汽车制造及电子行业 3. 铜合金:主要有黄铜、青铜和白铜,在工业上有广泛的应用 4. 钛合金:广泛应用于飞机、火箭、人造卫星、宇宙飞船、舰艇、化工设备、医疗器械等的制造中。钛被称为一种"亲生物金属",可制造人造骨骼

自测题

一、名词解释

1. 焰色反应   2. 复盐   3. 铝热剂   4. 合金   5. 硬水

二、填空题

1. 元素周期表中第一主族元素(除氢外)包括_____、_____、_____、_____、_____,又称为碱金属元素。

2. 农业波尔多液是用_____和_____水溶液按一定比例配制而成的。

3. 氢氧化钠与玻璃中的主要成分_____反应生成黏性的_____。又因氢氧化钠与空气中的二氧化碳作用生成易结块的碳酸钠,使玻璃塞与瓶口黏结在一起,难以打开。

4. 熟石膏与水混合成糊状后很快凝固,重新变成石膏,人们利用这一性质制作各种

_____和_____。

5. 氢氧化铝能溶解水中的悬浮物，又能吸附色素，可用于_____。

6. 铁元素是_____号元素，位于元素周期表中_____周期、_____族。

7. 目前人类发现的118种元素中，大约_____是金属元素。

8. 金属元素中熔点最高的是_____，最低的是_____。

9. 金属钠性质活泼，易与空气中的_____和_____反应，故应保存在_____等有机溶剂中。

三、单选题

1. 下列金属元素中属于第一主族元素的是(　　)

A. 钠　　　　　　B. 铝

C. 铁　　　　　　D. 铜

2. 下列金属元素中最活泼的是(　　)

A. 铁　　　　　　B. 钙

C. 镁　　　　　　D. 金

3. 下列金属元素具有两性的是(　　)

A. 钾　　　　　　B. 铁

C. 锰　　　　　　D. 铝

4. 下列化合物碱性最强的是(　　)

A. $Fe(OH)_3$　　　　B. $NaOH$

C. Na_2CO_3　　　　D. $Al(OH)_3$

5. 下列物质中常用作干燥剂的是(　　)

A. MgO　　　　B. CaO

C. CuO　　　　D. Al_2O_3

四、问答题

1. 金属元素有哪些特性？

2. 合金有哪些通性？

(玄绪恒)

第5章 物质的量的认识

世界是由物质构成的,物质是人类赖以生存的基础。物质可分为宏观物质和微观物质。宏观物质是由巨大数量的原子、分子、离子等微观粒子构成的,是可以称量的,微观粒子却无法称量。如何将一定数目的原子、分子或离子等微观粒子与可称量的物质联系起来?"物质的量"充当了宏观物质和微观粒子之间联系的桥梁。

情景导入

在生活中,我们通常会通过一些计量单位来描述物品数量,如表 5-1 所示。

表 5-1　生活中的计量实例

名称	单位	数量
运动鞋	双	2
矿泉水	箱	24

问题:1. 一瓶矿泉水有多少个水分子?
　　　2. 如何能知道水分子的个数呢?

第1节　物 质 的 量

1971 年,由 41 个国家参加的第 14 届国际计量大会,正式宣布了国际纯粹和应用化学联合会、国际纯粹和应用物理联合会和国际标准化组织《关于必须定义一个物质的量的单位》的提议,并作出决议。从此,"物质的量"就成为国际单位制中的一个基本物理量。

一、物质的量及其单位

(一) 物质的量的概念

物质的量是表示物质数量的基本物理量。它是把一定数目的微观粒子与可称量的宏观物质联系起来的一种物理量。物质的量与长度、质量、时间、温度等一样,是一种物理量的名称。物质的量是国际单位制(SI)7 个基本物理量之一。

物质的量用符号 n 表示。国际上规定，1mol 粒子集体所含的粒子数与 0.012kg ^{12}C 中含有的碳原子数相同。某物质基本单元 B 的物质的量用 n_B 或 $n(B)$ 表示。例如：

氢原子的物质的量可表示为 n_H 或 $n(H)$；

氢分子的物质的量可表示为 n_{H_2} 或 $n(H_2)$；

氢离子的物质的量可表示为 n_{H^+} 或 $n(H^+)$。

物质的基本单元可以是原子、分子、离子、电子、质子、中子等粒子，也可以是其他粒子。物质的基本单元还可以是某些粒子的特定组合，如 1/2 SO_4^{2-} 等。"物质的量"是特定的专有名词，是个物理量，使用时绝不能加字、缺字、拆开或颠倒。

知识链接 水分子的个数

1 滴水的质量大约是 0.05g，体积大约是 0.05ml，含有大约 $1.7×10^{21}$ 个水分子，让 10 亿人去数，每人每分钟数 100 个，日夜不停地数，3 万年也数不完。

（二）物质的量的单位

在日常生产生活和科学研究中，人们常根据不同需要使用不同的计量单位。例如，用米(m)、毫米(mm)等来计量长度；用千克(kg)、毫克(mg)等来计量质量。

第 14 届国际计量大会通过决议，规定物质的量的单位是摩尔，简称摩，符号为 mol。

摩尔是物质的量的单位。

经实验测定，12g ^{12}C 中所含的原子数目为阿伏伽德罗常数，约为 $6.02×10^{23}$ 个，则 1mol 物质中所含的基本单元数约为 $6.02×10^{23}$。阿伏伽德罗常数用符号 N_A 表示，$N_A=6.02×10^{23}$/mol。

由摩尔的定义可知：

1mol C 含有 $6.02×10^{23}$ 个碳原子。

1mol H_2 含有 $6.02×10^{23}$ 个氢分子。

1mol O_2 含有 $6.02×10^{23}$ 个氧分子。

1mol H_2O 含有 $6.02×10^{23}$ 个水分子。

即物质的量为 1mol 任何物质都含有 $6.02×10^{23}$ 个基本单元。显然：

物质的量为 0.5mol C 含有 $0.5×6.02×10^{23}$ 个碳原子。

物质的量为 2mol C 含有 $2×6.02×10^{23}$ 个碳原子。

物质的量(n)是与物质基本单元数(N)成正比的物理量，两者之间的关系如下：

$$n=\frac{N}{N_A} \text{ 或 } N=nN_A$$

这一关系式表明，物质的量等于物质基本单元数与阿伏伽德罗常数之比。

由此可见，"摩尔"是"物质的量"的基本单位，1 摩尔任何物质都含有阿伏伽德罗常数个基本单元。

在使用"摩尔"这个单位时，要特别注意：①应指明基本单元，要按"物质的量数目—摩尔(mol)—物质名称或化学式"的顺序使用。例如，1mol 氢分子、1mol 氢原子、0.5mol OH^-、1.2mol NaCl 等。②摩尔这个概念仅适用于微观粒子。例如，1mol Na^+ 等。

知识链接

阿伏伽德罗

阿伏伽德罗(Avogadro，1776—1856)，意大利化学家、物理学家。阿伏伽德罗毕生致力于化学和物理学中关于原子论的研究，于1811年提出了一个对近代科学有深远影响的假说：在相同温度和相同压强的条件下，相同体积中的任何气体总具有相同的分子个数，后被称为阿伏伽德罗定律。1摩尔任何物质都含有约 6.02×10^{23} 个分子，这一常数被科学界命名为阿伏伽德罗常数，以纪念杰出的科学家阿伏伽德罗。

二、摩尔质量

(一) 摩尔质量的概念及单位

单位物质的量的物质所具有的质量称为**摩尔质量**。摩尔质量表示的是1mol物质所含有的质量。摩尔质量的符号为 M。

物质的量、物质的质量与摩尔质量三者之间的关系：

$$物质的量 = \frac{物质的质量}{摩尔质量} \qquad n = \frac{m}{M}$$

摩尔质量的国际制单位是 kg/mol，化学上的常用单位是 g/mol。

某物质基本单元 B 的摩尔质量的表示方法为 M_B 或 $M(B)$，如碳原子的摩尔质量表示为 M_C 或 $M(C)$。

(二) 摩尔质量与化学式量的关系

任何原子的摩尔质量，若以 g/mol 为单位，数值上等于该种原子的原子量。例如：

H 的原子量是 1，则 $M(H)=1g/mol$。

Ca 的原子量是 40，则 $M(Ca)=40g/mol$。

Fe 的原子量是 56，则 $M(Fe)=56g/mol$。

不同分子的质量是不同的，分子量等于化学式中各原子的原子量的总和。任何分子的摩尔质量，若以 g/mol 为单位，数值上等于该种分子的分子量。例如：

O_2 的分子量是 32，则 $M(O_2)=32g/mol$。

H_2O 的分子量是 18，则 $M(H_2O)=18g/mol$。

离子是带有电荷的原子或原子团。由于原子的质量主要集中在原子核，电子的质量极其微小，离子失去或得到的电子的质量一般可以忽略不计。因此，离子的摩尔质量可以看成形成离子的原子或原子团的摩尔质量。例如：

1mol Na^+ 的质量是 23g，即 $M(Na^+)=23g/mol$。

1mol NH_4^+ 的质量是 18g，即 $M(NH_4^+)=18g/mol$。

1mol SO_4^{2-} 的质量是 96g，即 $M(SO_4^{2-})=96g/mol$。

摩尔质量与化学式量的联系：任何物质的基本单元 B 的摩尔质量如果以 g/mol 为单位，其数值就等于该物质的化学式量。两者区别：摩尔质量是绝对量，有单位，常用单位是 g/mol，化学式量是相对量，无单位。

人体中有多种微量元素，在实际应用中，用摩尔质量作为物质的量的单位偏大，经常要

使用辅助单位毫摩尔(mmol)和微摩尔(μmol)。三者的换算关系为

$$1\text{mol} = 10^3 \text{mmol} = 10^6 \text{μmol}$$

三、有关物质的量的计算

【例 5-1】 64g 氧气的物质的量是多少摩尔？

解：$M(O_2)=32\text{g/mol}$ $m(O_2)=64\text{g}$

$$n = \frac{m(O_2)}{M(O_2)} = \frac{64\text{g}}{32\text{g/mol}} = 2\text{mol}$$

答：64g 氧气的物质的量是 2mol。

【例 5-2】 物质的量是 2mol 铁原子的质量是多少克？

解： $M(Fe)=56\text{g/mol}$ $n(Fe)=2\text{mol}$

$$m = n \times M = 2\text{mol} \times 56\text{g/mol} = 112\text{g}$$

答：2mol 铁原子的质量是 112g。

【例 5-3】 4.9g 硫酸里含有多少个硫酸分子？

解： $M(H_2SO_4)=98\text{g/mol}$ $m(H_2SO_4)=4.9\text{g}$

$$n = \frac{m}{M} = \frac{4.9\text{g}}{98\text{g/mol}} = 0.05\text{mol}$$

$$N = n \times N_A = 0.05\text{mol} \times 6.02 \times 10^{23} = 3.01 \times 10^{22}$$

答：4.9g 硫酸里含有 3.01×10^{22} 个硫酸分子。

知识链接 ──────── 气体摩尔体积 ────────

气体摩尔体积，是指在标准状况下，单位物质的量的气体所占的体积，单位 L/mol。

实验证明，在相同状况下(即同温与同压)，任何气体如果其物质的量 n 相同，则所占有的体积 V 也几乎相同。

实验测得，在标准状况下，1mol 任何气体所占的体积基本相同，都约等于 22.4L。

【课堂互动】

1. 3.01×10^{23} 个 Fe 的物质的量是_____mol？2mol O_2 含有_____个 O_2？

2. 46g Na 的物质的量是多少摩尔？

3. 物质的量为 2.5mol 的 H_2SO_4 的质量是多少克？

第 2 节 溶液的配制

一种或几种物质以分子或离子的状态分散到另一种物质里，形成均一的、稳定的混合物体系称为**溶液**。其中能溶解其他物质的物质称为**溶剂**，被溶解的物质称为**溶质**。例如，氯化钠溶液中，氯化钠是溶质，水是溶剂；葡萄糖溶液中，葡萄糖是溶质，水是溶剂。水能溶解很多种物质，是最常用的溶剂。除水之外，汽油、乙醇、氯仿、苯也是常用的溶剂，统称为

非水溶剂。例如，汽油能溶解油脂，乙醇能溶解碘等。一般不指明溶剂的溶液，都是指水溶液。

一、溶液的浓度

溶液的浓度是指一定量的溶液(或溶剂)中所含溶质的量。可以用下式表示：

$$溶液的浓度 = \frac{溶质的量}{溶液(溶剂)的量}$$

溶液的浓度有大有小，在实际应用中，经常需要准确掌握溶液的浓度，通过控制溶液的浓度来满足各种不同的需求。例如，化学反应、给患者用注射液等都要求溶液具有相应的准确浓度。表示溶液组成的方法有很多。同一种溶液，溶液的浓度有多种表示方法，当前最常用的是物质的量浓度和质量浓度。

（一）物质的量浓度

物质的量浓度表示单位体积溶液里所含溶质的物质的量。B 的物质的量浓度用符号 $c(B)$ 或 c_B 表示：

$$B的物质的量浓度 = \frac{B的物质的量}{溶液的体积}$$

定义方程式：
$$c_B = \frac{n_B}{V}$$

如果已知溶质的质量 m_B，则

$$c_B = \frac{\frac{m_B}{M_B}}{V}$$

$$c_B = \frac{m_B}{M_B V}$$

物质的量浓度的国际制单位是摩尔每立方米，符号为 mol/m^3。在化学和医学上为了方便，物质的量的常用单位是 mol/L、mmol/L、μmol/L。三者的关系：

$$1mol/L = 10^3 mmol/L = 10^6 \mu mol/L$$

例如：$c(NaCl)=2mol/L$，表示每升溶液中含 2mol NaCl。

【例 5-4】 在 500ml NaOH 溶液中含 0.5mol 的 NaOH，求该 NaOH 溶液的物质的量浓度。

解：$n(NaOH) = 0.5mol$　$V = 500ml = 0.5L$

$$c_B = \frac{n_B}{V}$$

$$c(NaOH) = \frac{n(NaOH)}{V} = \frac{0.5mol}{0.5L} = 1mol/L$$

答：该 NaOH 溶液的物质的量浓度为 1mol/L。

【例 5-5】 正常人 100ml 血清中含 Ca^{2+} 10.0mg，计算正常人血清中 Ca^{2+} 的物质的量浓度。

解：$m(Ca^{2+}) = 10.0mg = 0.010g$，$M(Ca^{2+}) = 40.0g/mol$

$$V=100\text{ml}=0.1\text{L}$$

$$c_B = \frac{n_B}{V} = \frac{m_B}{M_B V} = \frac{0.010\text{g}}{40.0\text{g/mol} \times 0.1\text{L}} = 2.50 \times 10^{-3} \text{mol/L} = 2.50\text{mmol/L}$$

答：正常人血清中 Ca^{2+} 的物质的量浓度为 2.50mmol/L。

【例 5-6】 求 2mol/L NaCl 溶液 500ml 中含有 NaCl 多少克？

解：$c(NaCl)=$ 2mol/L $V=$500ml=0.5L $M(NaCl)=$58.5g/mol

由 $c_B = \dfrac{m_B}{M_B V}$ 得 $m_B = c_B M_B V$

$$m(NaCl)=2\text{mol/L} \times 0.5\text{L} \times 58.5\text{g/mol}=58.5\text{g}$$

答：2mol/L NaCl 溶液 500ml 中含有 NaCl 58.5g。

物质的量浓度在科学上已普遍使用。世界卫生组织(WHO)建议，在医学上表示溶液浓度时，凡是分子量已知的物质，均应使用物质的量浓度；对于分子量未知的物质，则可用其他溶液浓度表示法。

(二) 质量浓度

质量浓度是指单位体积的溶液中所含溶质 B 的质量。质量浓度用符号 ρ_B 表示：

$$\text{质量浓度} = \frac{\text{溶质质量}}{\text{溶液体积}}$$

定义方程式：

$$\rho_B = \frac{m_B}{V}$$

质量浓度的国际制单位是 kg/m^3。在化学和医学上为了方便，质量浓度的常用单位是 g/L、mg/L、μg/L。三者的关系：

$$1\text{g/L} = 10^3 \text{mg/L} = 10^6 \text{μg/L}$$

例如：$\rho_{\text{葡萄糖}}=50$g/L，表示每升溶液中含葡萄糖 50g。

由于密度的表示符号是 ρ，所以特别要注意质量浓度 ρ_B 与密度 ρ 两者符号的区别，不能混用。此外两者表示的含义是不同的，质量浓度 ρ_B 等于溶质质量除以溶液体积，溶液的密度 ρ 等于溶液质量除以溶液体积。

【例 5-7】 1L 注射用生理盐水中含有 0.154mol 的 NaCl，求生理盐水的质量浓度。

解：$M(NaCl)=$58.5g/mol

$$m(NaCl) = n(NaCl) \times M(NaCl) = 0.154\text{mol} \times 58.5\text{g/mol} = 9\text{g}$$

$$\rho_B = \frac{m_B}{V} = \frac{9\text{g}}{1\text{L}} = 9\text{g/L}$$

答：生理盐水的质量浓度为 9g/L。

(三) 溶液浓度的换算

物质的量浓度与质量浓度是两种常用的浓度表示方法，根据它们的基本定义，可以求出它们之间的换算关系：

$$c_B = \frac{\rho_B}{M_B} \quad \text{或} \quad \rho_B = c_B M_B$$

【例 5-8】 临床上纠正酸中毒用的乳酸钠($NaC_3H_5O_3$)注射液的物质的量浓度为 1mol/L，问该注射液的质量浓度是多少？

解：$c_B = 1mol/L \quad M_B = 112g/mol$

$$\rho_B = c_B M_B$$

$$\rho(NaC_3H_5O_3) = 1mol/L \times 112g/mol = 112g/L$$

答：该注射液的质量浓度是 112g/L。

知识链接　　溶液浓度的其他表示方法

1. 体积分数　溶质 B 的体积与溶液体积之比称为溶质的体积分数。用符号 φ_B 表示：

$$\varphi_B = \frac{V_B}{V} \times 100\%$$

2. 溶质的质量分数　溶质 B 的质量与溶液质量之比称为溶质的质量分数。用符号 ω_B 表示：

$$\omega_B = \frac{m_B}{m} \times 100\%$$

3. 物质的量浓度与溶质的质量分数之间的换算　换算公式为：

$$\omega_B = \frac{c_B M_B}{\rho} \quad \text{或} \quad c_B = \frac{\omega_B \rho}{M_B}$$

二、溶液的配制

（一）溶液的配制

配制溶液时，首先要清楚所配制溶液的体积、浓度单位、溶质的纯度和摩尔质量(或浓溶液的浓度、密度)。

【例 5-9】 怎样配制 1000.00ml 的 0.5000mol/L $NaHCO_3$ 溶液？

配制 1000.00ml 的 0.5000mol/L $NaHCO_3$ 溶液的步骤：

① 计算：V=1000ml=1L，$M(NaHCO_3)$=84g/mol

$n(NaHCO_3) = c(NaHCO_3) \times V = 0.5000mol/L \times 1L = 0.5000mol$

$m(NaHCO_3) = n(NaHCO_3) \times M(NaHCO_3) = 0.5000mol \times 84g/mol = 42.0000g$

配制 1000.00ml 的 0.5000mol/L $NaHCO_3$ 溶液需要 $NaHCO_3$ 42.0000g。

② 称量：用万分之一分析天平称量 42.0000g $NaHCO_3$，放入烧杯中。

③ 溶解：用量筒量取 50～70ml 蒸馏水倒入盛有 $NaHCO_3$ 的烧杯中，用玻璃棒搅拌使其完全溶解。

④ 转移：用玻璃棒将烧杯内的溶液引流入 1000.00ml 容量瓶中。

⑤ 洗涤：然后用少量蒸馏水洗涤烧杯 2～3 次，每次的洗涤液都引入容量瓶中。

⑥ 定容：向容量瓶中缓慢加蒸馏水，当加到离刻度线 2～3cm 处时，改用胶头滴管滴加蒸馏水，加至溶液凹液面最低处与刻度线平视相切。盖好瓶塞，将溶液混匀。

⑦ 备用：把配制好的溶液装入试剂瓶中，盖好瓶塞并贴上标签(标签上应包括溶液名称、溶液浓度和配制时间)，作为备用。

(二) 溶液的稀释

溶液的稀释是指把浓溶液配制成稀溶液，在浓溶液中加入溶剂后，溶液的体积增大而浓度变小的过程。

在实际工作中，经常需要进行稀溶液的配制，在市场上所购的高浓度的溶液必须先稀释后再使用，如浓硫酸、浓盐酸和农药的稀释等。

由于在稀释过程中向浓溶液中只加溶剂而不加溶质，因此，溶液在稀释前和稀释后溶质的量保持不变。稀释原理：

$$稀释前溶质的量 = 稀释后溶质的量$$

$$c(浓溶液) \times V(浓溶液) = c(稀溶液) \times V(稀溶液)$$

或

$$c_1 V_1 = c_2 V_2$$

此表示式被称为稀释公式。式中 c 为与溶液体积有关的浓度，V 为体积。c_1 和 V_1 分别表示稀释前浓溶液的浓度和体积，c_2 和 V_2 分别表示稀释后稀溶液的浓度和体积。

应用此式时，c_1 和 c_2 必须用相同的浓度表示法，V_1 和 V_2 也必须采用相同的体积单位。需要强调的是，若稀释前后浓度表示法或体积单位不同，必须先换算一致后方可代入稀释公式计算。

【例 5-10】 配制 100.00ml 的 0.2000mol/L NaCl 溶液，需取 2.0000mol/L NaCl 溶液多少毫升？如何配制？

① 计算：设需 2.0000mol/L NaCl 的体积为 V_1

$$c_1 = 2.0000\text{mol/L} \quad c_2 = 0.2000\text{mol/L} \quad V_2 = 100.00\text{ml} \quad V_1 = ?$$

根据稀释公式，有：

$$V_1 = \frac{c_2 V_2}{c_1} = \frac{0.2000 \times 100.00}{2.0000} = 10.00 (\text{ml})$$

需取 2.0000mol/L NaCl 溶液 10.00ml。

② 移取：用 10.00ml 吸量管吸取 10.00ml 2.0000mol/L NaCl 溶液移至 100.00ml 容量瓶中。

③ 稀释：向容量瓶中缓慢加蒸馏水。

④ 定容：当加蒸馏水到离刻度线 2～3cm 处时，改用胶头滴管滴加，加至溶液凹液面最低处与刻度线平视相切。盖好瓶塞，将溶液混匀。

⑤ 备用：把配制好的溶液装入试剂瓶中，盖好瓶塞并贴上标签(标签上应写明溶液名称、配制时间和溶液浓度)，作为备用。

【课堂互动】

1. 将 16.0000g NaOH 配制成溶液 1000.00ml，计算该溶液的物质的量浓度。
2. 计算 2.0000mol/L NaCl 溶液 1000.00ml 中含有 NaCl 多少克？

本章小结

知识点	知识内容	关系式
物质的量	物质的量是表示以某特定数目的基本单元(粒子)为集体数及其倍数的物理量，用 n_B 或 $n(B)$ 表示	$n = \dfrac{m}{M}$
摩尔质量	单位物质的量的物质所具有的质量称为摩尔质量，用 M_B 或 $M(B)$ 表示	以 g/mol 为单位，数值上等于化学式量
物质的量浓度	溶液中溶质 B 的物质的量除以溶液的体积，称为溶质 B 的物质的量浓度，用 c_B 或 $c(B)$ 表示	$c_B = \dfrac{n_B}{V}$
质量浓度	溶液中溶质 B 的质量除以溶液的体积，称为溶质 B 的质量浓度。用 ρ_B 表示	$\rho_B = \dfrac{m_B}{V}$
溶液浓度的换算	物质的量浓度与质量浓度的换算	$c_B = \dfrac{\rho_B}{M_B}$
溶液的配制	①计算②称量③溶解④转移⑤洗涤⑥定容⑦备用	
溶液的稀释	溶液在稀释前和稀释后溶质的量保持不变	$c_1V_1 = c_2V_2$

自测题

一、名词解释

1. 物质的量　2. 摩尔质量　3. 溶液　4. 溶液的浓度　5. 物质的量浓度

二、填空题

1. 某硫酸钠溶液中含有 $3.01×10^{22}$ 个 Na^+，则该溶液中 SO_4^{2-} 的物质的量是_____，该溶液中 Na_2SO_4 的质量为_____g。

2. 氢氧化钾的摩尔质量 $M(KOH)=$_____，28g KOH 的物质的量 $n(KOH)=$_____。

3. 3mol $CaCO_3$ 中 $m(CaCO_3)=$_____，64g SO_2 中的分子个数 $n(SO_2)=$_____。

三、单选题

1. 物质的量是表示(　　)
A. 物质数量的量
B. 物质质量的量
C. 物质基本单元数目的量
D. 物质单位的量

2. Ca 的摩尔质量为(　　)
A. 40　　　　B. 40g
C. 40mol　　D. 40g/mol

3. 阿伏伽德罗常数的数值是(　　)
A. $3.01×10^{22}$　　B. $3.01×10^{23}$
C. $6.02×10^{22}$　　D. $6.02×10^{23}$

4. 取下列物质各 20g，哪种物质含原子数最多(　　)
A. Na　　　B. C
C. S　　　　D. Fe

5. 下列关于物质的量浓度的说法正确的是( )

A. 物质的量浓度单位是 mol/L

B. 物质的量浓度单位是摩尔

C. 同一溶液分成不同体积的两份，体积大的物质的量浓度也大

D. 相同物质的量浓度的两种不同溶液，若体积相同，溶液中所含溶质的质量一定相同

6. a mol H_2 和 $2a$ mol 氦气具有相同的( )

A. 分子数 B. 原子数
C. 质子数 D. 质量

四、计算题

1. 从 1L 1mol/L 葡萄糖溶液中取出 100ml，取出的溶液其物质的量浓度是多少？

2. 用 180g 葡萄糖($C_6H_{12}O_6$)，能配制 0.278mol/L 的葡萄糖静脉注射液多少毫升？

3. 50g/L 碳酸氢钠($NaHCO_3$)注射液的物质的量浓度是多少？

(侯轶男　杨存岭)

第6章 常见的烃类化合物

物质是人类赖以生存的基础。在大千世界里，物质的种类繁多，人们常常把物质分为无机物和有机物两大类。有机物和人类的衣食住行、生老病死都有密切联系。分子中只含有碳和氢两种元素的有机物叫做烃。烃是有机物的母体，其他各类有机物可以看作是烃的衍生物。

> **情景导入**
>
> 党的十九大报告中强调要"实施乡村振兴战略"，并提出了"产业兴旺、生态宜居、乡风文明、治理有效、生活富裕"的总体要求。以沼气为纽带的现代生态循环农业，秉持可持续、绿色、高质量的发展理念，是实施绿色发展战略的重要生产模式之一。
>
> **问题：** 1. 沼气的主要成分是什么？
> 2. 这类化合物的结构和性质如何？

第1节 最简单的烃类化合物——甲烷

有机物里，有一大类物质仅由碳和氢两种元素组成，这类物质总称为碳氢化合物，又称烃。根据结构的不同，烃可分为烷烃、烯烃、炔烃、芳香烃等。初中时期介绍过的甲烷就是烃类里分子组成最简单的物质。甲烷是天然气、沼气、油田气和煤矿坑道气的主要成分，也是一种重要的化工原料。

我国是世界上最早利用天然气作为燃料的国家之一，天然气是一种高效、低耗、污染小的清洁能源，也是一种重要的化工原料，可用于生产种类繁多的化工产品。

一、甲烷的分子结构特点

烷烃中碳原子数最少的是甲烷，分子式为CH_4。在甲烷分子中，碳原子最外层的4个电子分别与4个氢原子核外的1个电子形成1对共用电子，即碳原子与4个氢原子形成4个共价键，为正四面体结构，它的结构式为
$$H-\overset{H}{\underset{H}{C}}-H$$，结构简式为CH_4。

其结构如图6-1所示。

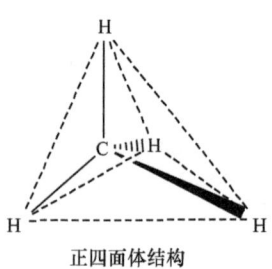
正四面体结构

球棒模型

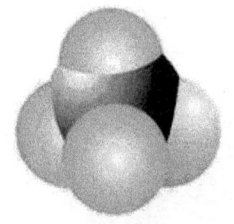
比例模型

图 6-1 甲烷的结构

二、甲烷的性质

(一) 物理性质

甲烷是一种没有颜色、没有气味的气体,标准情况下密度为 0.717g/L,难溶于水。

(二) 化学性质

1. 氧化反应

$$CH_4 + 2O_2 \xrightarrow{\text{点燃}} CO_2 + 2H_2O$$

甲烷能够燃烧,燃烧时火焰呈淡蓝色,同时放出大量的热。甲烷的燃烧产物是二氧化碳和水,与相同条件下等体积的一氧化碳和氢气相比,甲烷燃烧时放出的热量更多。因此,以甲烷为主要成分的天然气是一种理想的清洁燃料。

2. 稳定性　　甲烷虽然能够燃烧,但不能被高锰酸钾等强氧化剂氧化。另外,实验证明甲烷也不与酸、碱等物质反应。因此,在通常条件下,甲烷的化学性质稳定。

3. 取代反应　　甲烷与氯气在光照、高温或催化剂作用下可发生反应,生成多种含氯有机化合物和氯化氢,其反应的化学方程式如下:

$$CH_4 + Cl_2 \xrightarrow{\text{光照}} CH_3Cl(\text{一氯甲烷}) + HCl$$

$$CH_3Cl + Cl_2 \xrightarrow{\text{光照}} CH_2Cl_2(\text{二氯甲烷}) + HCl$$

$$CH_2Cl_2 + Cl_2 \xrightarrow{\text{光照}} CHCl_3(\text{三氯甲烷}) + HCl$$

$$CHCl_3 + Cl_2 \xrightarrow{\text{光照}} CCl_4(\text{四氯甲烷}) + HCl$$

有机化合物分子中的某些原子或原子团,被其他原子或原子团所代替的反应称为取代反应。

知识链接　　几种麻醉剂

　　三氯甲烷(氯仿)是最早(1847 年)应用于外科手术的全身麻醉剂之一。但是由于氯仿的毒性较大,人们一直在寻找它的替代物。20 世纪 50 年代,科学家们发现乙烷的一种取代产物——氟烷,具有良好的麻醉作用,起效快,3~5 分钟即可产生全身麻醉作用,而且苏醒快,不易燃,不易爆。

　　随着科学技术的发展,目前,氟烷作为麻醉剂已被七氟烷、地氟烷等代替。

(三) 实验室制备方法

实验室通常用无水乙酸钠和碱石灰共热来制备甲烷,用排水集气法收集甲烷气体,如图 6-2 所示。

$$CH_3COONa + NaOH \xrightarrow[\Delta]{CaO} CH_4\uparrow + Na_2CO_3$$

【课堂互动】

1. 在一定条件下,能与甲烷发生取代反应的是( )

   A. 氯化氢   B. 氯气

   C. 氧气   D. 二氧化碳

2. 下列有关甲烷的取代反应的叙述正确的是( )

   A. 甲烷与氯气的物质的量之比为 1∶1,混合发生取代反应生成 CH_3Cl

   B. 甲烷与氯气的取代反应,生成的产物中 CH_3Cl 最多

   C. 甲烷与氯气的取代反应中生成的产物为混合物

   D. 1mol 甲烷生成 CCl_4 最多消耗 2mol 氯气

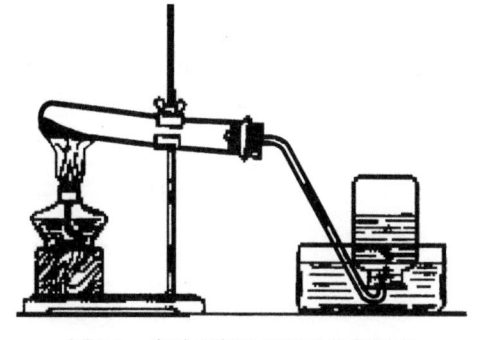

图 6-2 实验室制取甲烷及收集装置

第 2 节   重要的烃类代表物

一、乙 烯

乙烯是石油炼制的重要产物之一。目前,世界上已将乙烯的产量作为衡量一个国家石油化工发展水平的标志。随着石油化工和现代科学技术的发展,以乙烯为原料制取的物质越来越多。

(一) 乙烯的分子结构

乙烯(C_2H_4)是最简单的烯烃。科学实验证明,乙烯分子里含有 C=C 双键,双键是平面结构,双键不稳定,容易断裂。

其结构如图 6-3 所示:

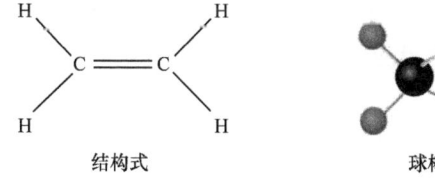 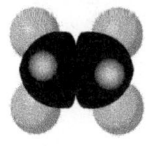

结构式   球棒模型   比例模型

图 6-3 乙烯的结构

(二) 物理性质

乙烯是无色、稍有气味的气体,难溶于水,标准状况下的密度为 1.256g/L。它是一种无色、略有甜味的气体,具有催熟果实的作用,是合成纤维、橡胶及许多化工产品的原料。医药上,乙烯与氧的混合物可用作麻醉剂。

(三) 化学性质

研究发现,由于碳碳双键不牢固,容易断裂,因此,烯烃化学性质活泼,能发生加成、氧

化、聚合等反应。

1. 加成反应 乙烯能使溴的四氯化碳溶液褪色，反应的实质是乙烯分子中碳碳双键中的一个键断裂，两个溴原子分别加在断键的两个碳原子上。

$$CH_2=CH_2 + Br-Br \longrightarrow CH_2-CH_2 \text{（1，2-二溴乙烷）}$$
$$||$$
$$BrBr$$

像乙烯与溴的反应这样，有机化合物分子中双键上的碳原子与其他原子(或原子团)直接结合，生成新的化合物分子的反应属于**加成反应**。

乙烯还能跟氢气、水和氯化氢等在适宜的条件下加成，分别生成乙烷、乙醇和氯乙烷。

$$H_2C=CH_2 + H_2 \xrightarrow[\triangle]{\text{催化剂}} CH_3CH_3$$

$$H_2C=CH_2 + H_2O \xrightarrow[\text{加热、加压}]{\text{催化剂}} CH_3CH_2OH$$

$$H_2C=CH_2 + HCl \xrightarrow[\triangle]{\text{催化剂}} CH_3CH_2Cl$$

知识链接　　　　　镇痛剂——氯乙烷

在足球比赛中，有时会看到球员受伤倒在地上。医生跑过去后，用药水对准球员的受伤部位喷射，一会儿球员便又能飞奔在赛场上。其实，医生所用的"妙药"是氯乙烷。氯乙烷液体受热立即沸腾变成气体蒸发，同时把皮肤表面的热"带"走，使受伤部位的皮肤像被冰冻了一样，暂时失去痛觉。这种局部冰冻，也会使皮下毛细血管收缩起来，停止流血，受伤部位也不会出现淤血和水肿。但是，这种镇痛剂只能对付一般的肌肉挫伤或扭伤，用作应急处理，不能起到治疗作用。

2. 氧化反应 乙烯能够在空气中燃烧，同时放出大量的热。

$$CH_2=CH_2 + 3O_2 \xrightarrow{\text{点燃}} 2CO_2 + 2H_2O$$

此外，乙烯易被酸性高锰酸钾溶液氧化，使高锰酸钾溶液的紫红色褪去，而甲烷却不能使酸性高锰酸钾溶液褪色。利用该性质可以区别乙烯和甲烷。

3. 聚合反应 在一定条件下，乙烯还可以发生自身加成反应，生成更大的分子。这种由小分子化合物结合成大分子化合物的反应称为**聚合反应**，参加聚合反应的小分子称为单体，聚合后生成的大分子产物称为聚合物。例如：

$$nCH_2=CH_2 \xrightarrow{\text{催化剂}} \text{─}[CH_2\text{─}CH_2]_n\text{─} \text{（聚乙烯）}$$

聚乙烯是一种无色、无味、无毒的塑料，广泛地用于制造塑料容器、包装材料等，医药上用于制造输液容器、医用导管、整形材料等。

(四) 实验室制备方法

实验室通常使用无水乙醇与浓硫酸共热至170℃左右来制备乙烯，如图6-4所示连接装置。

$$CH_3CH_2OH \xrightarrow[170℃]{\text{浓硫酸}} CH_2=CH_2\uparrow + H_2O$$

(五) 乙烯的用途

乙烯是石油化工最重要的基础原料，它主要用于制造塑料、合成纤维、有机溶剂等。乙烯还是一种植物生长调节剂，用它可以催熟果实。例如，从南方北运的香蕉都是未成熟的青香蕉，运到目的地后，可用乙烯将其催熟后再出售。

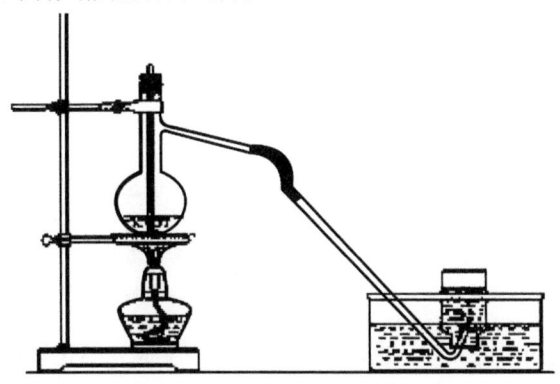

图 6-4　实验室制取乙烯及收集装置

二、乙　炔

在电灯还没有普及的年代，电石灯是为千家万户带来光明的"功臣"。电石灯的发光原理是利用电石(化学名称为碳化钙)与水反应生成乙炔，乙炔燃烧发光照明。

(一) 乙炔的分子结构

乙炔(C_2H_2)是最简单的炔烃。乙炔分子中，两个碳原子以碳碳三键相结合，它的空间结构是 2 个碳原子和 2 个氢原子同处在一条直线上。其结构如图 6-5 所示：

H—C≡C—H
结构式　　　　　　　球棒模型　　　　　　　比例模型

图 6-5　乙炔的结构

(二) 物理性质

乙炔是无色、无味的气体，微溶于水，易溶于有机溶剂，密度比空气略小。

(三) 化学性质

乙炔的化学性质与烯烃相似，比较活泼，在一定条件下能发生加成、氧化、聚合等反应。

1. 加成反应　乙炔能使溴水褪色，这是因为乙炔与 Br_2 反应，生成了无色物质。乙炔与 Br_2 的反应是分步进行的。

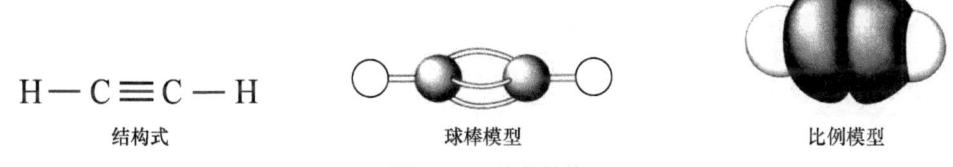

乙炔在特定条件下，可以与氢气加成生成乙烯：

$$CH\equiv CH + H_2 \xrightarrow{催化剂} CH_2=CH_2$$

乙炔在 150～160℃和用氯化汞作催化剂的条件下，能跟氯化氢加成，生成氯乙烯(合成聚氯乙烯的原料）：

$$HC\equiv CH+HCl\xrightarrow[\Delta]{催化剂}CH_2=CHCl$$

知识链接　　　　聚氯乙烯

在适当条件下，氯乙烯可以发生自身聚合反应生成聚氯乙烯。聚氯乙烯是一种合成树脂，具有良好的机械强度、绝缘性和耐水、耐石油、耐化学腐蚀等优点，可用于制备塑料和合成纤维。聚氯乙烯在使用的过程中，受环境的影响很容易发生老化现象，释放出对人体有害的氯。另外，聚氯乙烯在加工过程中，要加入增塑剂，这些增塑剂对人体也有害。所以，不能使用聚氯乙烯制品直接盛装食物。

2. 氧化反应　乙炔同甲烷一样，也能在空气中燃烧生成二氧化碳和水并放出大量的热，火焰明亮，但其含碳量大，会产生浓黑烟，产生的氧炔焰温度可达 3000℃以上，因此，可用来切割和焊接金属。乙炔和空气或氧气的混合物遇火会发生爆炸，在生产和使用乙炔时，必须注意安全。

$$2CH\equiv CH+5O_2\xrightarrow{点燃}4CO_2+2H_2O$$

由于乙炔分子中的三键不稳定，易断裂，故易被酸性高锰酸钾溶液氧化，使高锰酸钾溶液的紫红色褪去，而甲烷不能使酸性高锰酸钾溶液褪色。故利用该性质可以区别乙炔和甲烷。

3. 聚合反应　在一定条件下，乙炔中的 π 键断裂后也可以发生自身加成反应，生成更大的分子：

$$nHC\equiv CH\xrightarrow{催化剂}\text{\textlbrackdbl} CH=CH\text{\textrbrackdbl}_n$$

（四）实验室制备方法

实验室常用电石与水反应来制取乙炔，用排水集气法收集，装置如图 6-6 所示。

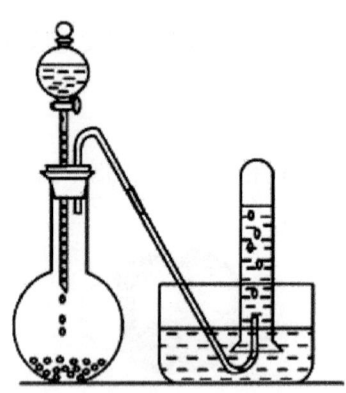

图 6-6　实验室制取乙炔及收集装置

$$CaC_2+2H_2O\longrightarrow CH\equiv CH\uparrow+Ca(OH)_2$$

（五）乙炔的用途

乙炔可用于制取乙醛、乙酸、氯乙烯、丙烯酸及其酯类等有机化合物，亦是合成橡胶、合成纤维和塑料的单体，也可直接用于金属的切割和焊接。

三、苯

分子中含有一个或多个苯环的一类碳氢化合物称为芳香烃。下面我们来学习最简单、最基本的芳香烃——苯。

知识链接　　　　苯的由来

19 世纪欧洲许多国家都使用煤气照明，煤气通常是压缩在桶里储运的，人们发现这种桶里总有一种油状液体，但长时间无人问津。英国科学家法拉第对这种油状液体产生了浓厚的兴趣，他花了整整五年时间提取这种液体，从中得到了一种无色油状液体——苯。

(一) 苯的分子结构

苯的分子式是 C_6H_6,苯的结构式是由德国科学家凯库勒提出的,为此把这种结构称为凯库勒式(图 6-7)。

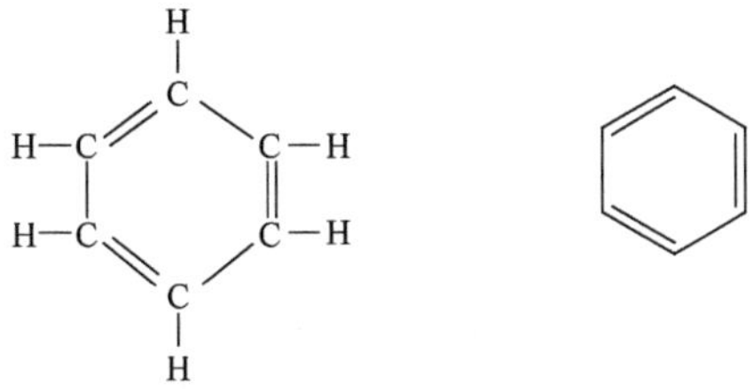

图 6-7 凯库勒式

从图 6-7 来推测,苯的化学性质应显示极不饱和性。但实验发现,苯不能使高锰酸钾酸性溶液褪色,说明苯不能被高锰酸钾氧化。由此可知,苯跟一般烯烃在性质上有很大的区别,苯分子里不存在一般的 C=C 双键,也就是说苯分子的结构并不像凯库勒结构式那样 C—C 和 C=C 简单地交替排列。

经研究发现,苯分子中六个碳原子相互连接成一个平面正六边形,苯环中的碳碳键并不是单键,也不是双键,而是介于两者之间的特殊的环状结构。为了更恰当反映苯的结构特点,用 ⬡ 表示苯。

(二) 物理性质

苯是一种无色、有芳香气味的液体,难溶于水,易溶于有机溶剂,沸点为 80.1℃,熔点为 5.5℃,当温度低于 5.5℃时,苯会凝结成无色的晶体。苯有毒,可引起中枢神经系统、造血系统病变,导致血小板减少、再生障碍性贫血、白血病等,所以,使用时一定要防止中毒。

(三) 化学性质

苯的化学性质比较稳定,可以燃烧,在特殊条件下易取代、能加成、难氧化。

1. 氧化反应 像大多数有机物一样,苯完全燃烧时,生成二氧化碳和水,苯燃烧时产生明亮而带有浓烟的火焰,这是因为苯中碳的质量分数很大,不易完全燃烧。

$$2C_6H_6 + 15O_2 \xrightarrow{点燃} 12CO_2 + 6H_2O$$

苯不能使紫色的酸性高锰酸钾溶液褪色。

2. 取代反应 在催化剂作用下,苯环上的氢原子可以被卤素原子、硝基、磺酸基取代而发生卤代反应、硝化反应、磺化反应。

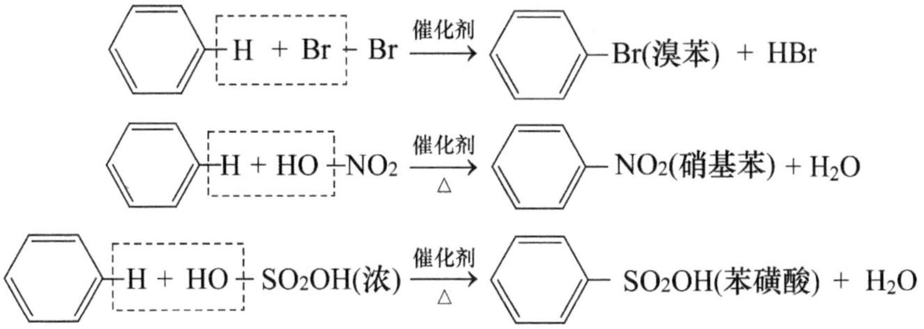

$$C_6H_5\text{—H} + Br\text{—Br} \xrightarrow{催化剂} C_6H_5\text{—Br(溴苯)} + HBr$$

$$C_6H_5\text{—H} + HO\text{—}NO_2 \xrightarrow[\Delta]{催化剂} C_6H_5\text{—}NO_2(硝基苯) + H_2O$$

$$C_6H_5\text{—H} + HO\text{—}SO_2OH(浓) \xrightarrow[\Delta]{催化剂} C_6H_5\text{—}SO_2OH(苯磺酸) + H_2O$$

3. 加成反应 苯环在特定的条件下能发生加成反应。例如，在催化剂、加热等条件下苯可加氢生成环己烷。

$$\text{C}_6\text{H}_6 + 3\text{H}_2 \xrightarrow[\Delta]{\text{催化剂}} \text{C}_6\text{H}_{12}$$

环己烷

(四) 苯的用途

苯是一种重要的化工原料，广泛应用于生产合成纤维、合成橡胶、塑料、农药、医药、燃料、香料、去污剂、杀虫剂等。此外，苯有良好的溶解性能，可作为化工生产的溶剂。

【课堂互动】
1. 如何用化学方法区别甲烷和乙烯？
2. 说出乙炔、苯的结构特点和主要化学性质。

第3节 石油与煤的综合利用

现在，石油和煤不仅作为化石燃料成为消耗量最大的能源，而且是很多化工产品的主要生产原料，其综合利用越来越受到人们的重视。

我国石油工业萌芽于19世纪中叶，1949年的石油年产量仅为12万吨。中华人民共和国成立后，我国石油工业在短短数年间，连上数个台阶，相继发现了大庆、胜利等油田；截至2009年，我国已发现油田500多个，石油储量220亿吨；截至2017年底，全国石油累计探明地质储量是389.65亿吨。

一、石油的炼制与综合利用

石油，为地质勘探的主要对象之一，是一种黏稠的、深褐色液体。石油是蕴藏于地层深处的稠状液体矿物，是古代动植物遗体与泥沙生成的有机淤泥，在隔绝空气的环境下，经过一系列复杂的变化而形成的。地壳上层部分地区有石油储存。

石油常带有绿色或蓝色的荧光，有特殊气味，不溶于水，比水稍轻。主要成分是各种烷烃、环烷烃、芳香烃的混合物。它是古代海洋或湖泊中的生物死后经过漫长的演化而形成的混合物，属于化石燃料。

石油主要是碳氢化合物。它由不同的碳氢化合物混合组成，组成石油的化学元素主要是碳(83%~87%)、氢(11%~14%)，其余为硫(0.06%~0.80%)、氮(0.02%~1.70%)、氧(0.08%~1.82%)及微量金属元素(镍、钒、铁、锑等)。由碳和氢化合形成的烃类构成石油的主要组成部分，占95%~99%。

知识链接　　　　　我国的石油资源

我国是世界上最早发现和利用石油的国家之一。早在汉朝，就有关于石油的记载。据后汉班固的《汉书》记载，在高奴这个地方有条洧河，其水可以燃烧。高奴所在地现在仍出产石油。从后来的《水经注》《北史》《元和县志》等许多史书上可以知道，我们的祖先不仅就发现了石油，而且会利用石油点灯、制蜡、作润滑剂、补缸、制墨等。宋朝的科学家沈括更是极有预见性地认识到："此物后必大行于世。"

(一) 石油的分馏

从油田开采出来的没有经过加工处理的石油叫做原油。原油里常含有水和氯化钙、氯化镁等盐类，炼制过程中会对设备造成腐蚀，浪费能源，所以要预先处理这些杂质。经过预处理的原油是含有多种烃类物质的混合物。这些烃类混合物中各种成分的沸点不同，可以利用这一特点来分离它们。常压下，加热液态烃类混合物时，沸点低的烃(分子中碳原子数较少)先气化，其蒸气经冷凝后变成液体首先从混合物里分离出来；随着温度升高，沸点较高的烃(分子中碳原子数较多)再气化，经过冷凝也分离出来。这样，通过加热和冷凝，可以把石油分成不同沸点范围的产物，这种方法叫做石油的分馏，分馏出来的成分叫做馏分。每一种馏分仍然是多种烃的混合物。石油经过分馏以后得到的主要是石油气、汽油、煤油、柴油及重油等，它们被广泛应用于人类的生产和生活中。

在工业上，石油的加工炼制原理如图6-8所示。

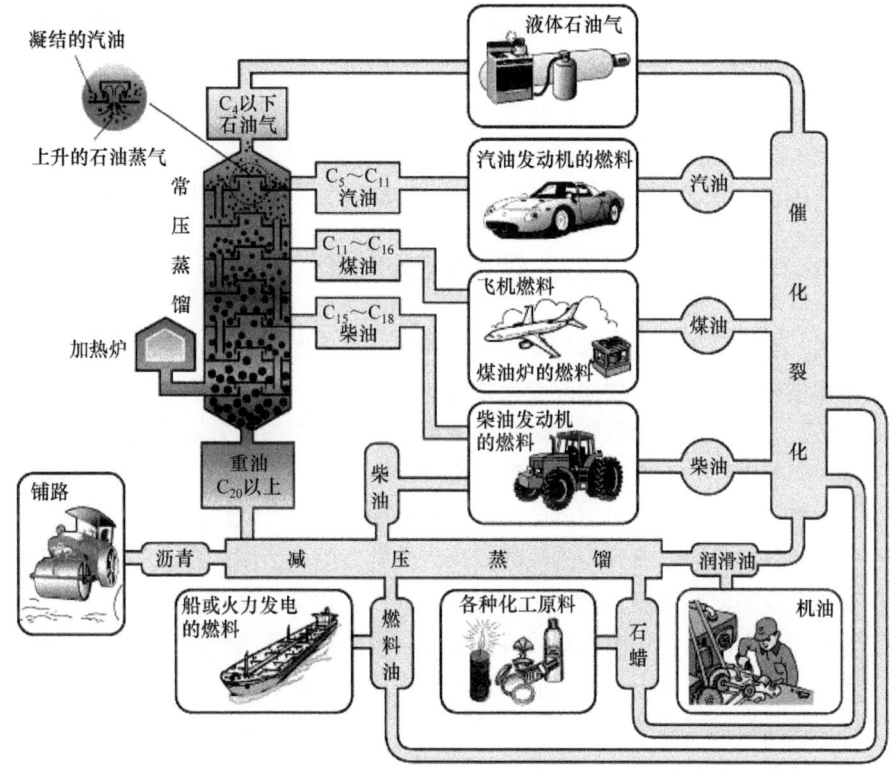

图6-8 石油的加工炼制原理

经过分馏及对某些馏分的进一步加工精制，就可以得到一系列分馏产品。

(二) 石油的裂化

石油分馏获得轻质液体燃料的产量不高，仅占石油总量的25%左右。但社会需求量大的正是这些轻质液体燃料，为了提高轻质液体燃料的产量和质量，工业上，在一定条件下(如加热、使用催化剂)，把分子量大、沸点高的烃断裂为分子量较小、沸点较低的烃，这种方法叫做石油的裂化。例如，在较高温度和一定压强下，十六烷裂化为辛烷和辛烯：

$$C_{16}H_{34} \xrightarrow[\text{加热、加压}]{\text{催化剂}} C_8H_{18} + C_8H_{16}$$

在催化作用下进行的裂化，又叫做催化裂化。

(三) 石油的裂解

在石油化工生产中，常用石油分馏产品作原料，采用比裂化更高的温度，使其中分子量较大的烃断裂成乙烯、丙烯等小分子气态烃，用作有机化工原料。工业上把这种加工方法叫做石油的裂解。因此，石油裂解也可以说是石油的深度裂化。石油的裂解气里最重要的是乙烯，乙烯的含量较高，它是一种非常重要的化工原料。

值得注意的是，在石油的开采、运输、炼制等一系列过程中，会产生"废气"、"废水"和"废渣"，它们会污染大气、土壤和江河湖泊，影响生态平衡，危害人民健康。因此，在大力发展石油工业的同时，要高度重视对"三废"的处理。

(四) 石油的综合利用

石油的用途很多，72%的石油都用作交通工具的能源。石油也是生活用品的重要原料，我们身边的很多生活用品都是用石油直接或间接生产出来的：几乎所有的塑料制品都是石油产品；纺织所使用的纤维(如涤纶、腈纶、锦纶等)中，化学纤维的比例接近3/4，而90%以上的化学纤维产品依赖于石油；石油还可用来制造化肥、杀虫剂等；很多食物的保鲜、染色及调味也都有石油产品的参与。经统计，如果算上食品生产间接消耗的石油，人一生要"吃"掉近600kg石油。此外，石油还在橡胶、沥青、化妆品的生产及制药等领域发挥着不可或缺的作用。

二、煤的综合利用

煤又称煤炭，为不可再生的资源。煤炭是一种可以用作燃料或工业原料的矿物。它是古代植物经过生物化学作用和地质作用而改变其物理、化学性质，由碳、氢、氧、氮、硫等元素组成的黑色固体矿物。煤也是获得有机化合物的源泉。通过煤焦油的分馏可以获得各种芳香烃；通过煤的直接或间接液化，可以获得燃料油及多种化工原料。

煤作为一种燃料，早在800年前就已经开始被使用。煤被广泛用作工业生产的燃料，是从18世纪60~80年代的工业革命开始的。随着蒸汽机的发明和使用，煤被广泛地用作工业生产的燃料，推动了工业的向前发展，随之兴起煤炭、钢铁、化工、采矿、冶金等工业。煤炭在地球上的储量丰富，分布广泛，一般也比较容易开采，因而被广泛用作各种工业生产中的燃料。煤炭对于现代化工业来说，无论是重工业，还是轻工业；无论是能源工业、冶金工业、化学工业、机械工业，还是轻纺工业、食品工业、交通运输业，都发挥着重要的作用，各工业部门都在不同程度上要消耗一定量的煤炭，因此，有人称煤炭是工业上"真正的粮食"。我国是世界上煤炭资源最丰富的国家之一，煤炭不仅储量大，分布广，而且种类齐全，煤质优良，为我国工业现代化提供了极为有利的条件。

煤是由有机化合物和无机化合物组成的复杂的混合物，其中的有机化合物除了含有碳、氢元素外，还含有少量的氮、硫、氧等元素，碳、氢、氧三者总和约占有机质的95%以上；煤中的无机化合物也含有少量的碳、氢、氧、硫等元素。碳是煤中最重要的组分，其含量随煤化程度的加深而增高。煤中硫是最有害的化学成分。煤燃烧时，其中的硫生成SO_2，会腐蚀金属设备，污染环境。

在煤的综合利用过程中，人们最为关注并一直致力于研究的问题是，如何从煤中取得化学工业所需要的原料,如何提高燃煤的热效率及如何解决燃煤引起的污染问题。目前,主要办法是利用煤的干馏和煤的气化、液化。

(一) 煤的干馏

直接燃煤可得到我们所需要的能量,但同时会带来大量的污染物,如碳的氧化物、氮的氧化物、硫的氧化物、烟尘等。目前使用较为广泛并具有实用价值的煤加工方法是煤的干馏。

将煤隔绝空气加强热使其分解,称为煤的干馏。煤干馏的主要产物、主要成分和用途如表6-1所示。

表6-1 煤干馏的主要产物、主要成分和用途

干馏产品		主要成分	用途
出炉煤气	焦炉气(管道煤气)	一氧化碳,氢气,甲烷,乙烯	气体燃料、化工燃料、化工原料
	粗氨水	氨,铵盐	化肥、炸药、染料、医药、农药、合成材料
	粗苯	苯,甲苯,二甲苯	化肥、炸药、染料、医药、农药、合成材料
煤焦油		苯,甲苯,二甲苯	化肥、炸药、染料、医药、农药、合成材料
		酚类,萘	染料、医药、农药、合成材料
		沥青	筑路材料、制碳素电极
焦炭		碳	冶金、合成氨气、电石、燃料

知识链接　　　　　　干馏与蒸馏

干馏与蒸馏是两种不同的过程。干馏是固体物质隔绝空气加热,使其分解产生新物质的化学变化过程;蒸馏是利用液体混合物中各物质的沸点不同,通过加热使沸点较低的物质先汽化再冷凝,从而达到分离的目的,是物理变化过程。

(二) 煤的气化和液化

有关资料显示,世界上人为排放的二氧化硫、氮的氧化物绝大部分来自煤的燃烧。

为了减少燃煤造成的污染,一方面采取措施,改进燃煤技术,改良燃煤和排烟设备;另一方面,设法把煤转化成清洁的燃料。煤的气化和液化就是使煤变成清洁燃料的有效途径。清洁燃料的使用,不仅大大地减少了污染,同时也提高了燃煤热效率,拓宽了煤的使用范围。

煤的气化是指煤在特定的设备内,在一定温度及压力下,使煤中有机质与气化剂(如蒸汽、空气或氧气等)发生一系列化学反应,将固体煤转化为含有CO、H_2、CH_4等可燃气体和CO_2、N_2等非可燃气体的过程。进行煤气化的装置称为煤气发生炉,气化生成的可燃性气体称为煤气。

煤燃烧时,既可以使用空气,又可以使用氧气,但是得到的煤气的成分和热值有所不同,用途也不同,分别称为低热值气和中热值气,如表6-2所示。

表 6-2 煤的气化

燃煤的气体		煤气的成分	特点	用途
低热值气	空气	CO，H_2，相当量的 N_2	热值很低	冶金，机械工作的燃料气
中热值气	氧气	CO，H_2，少量的 CH_4	热值较高，可短距离输送	居民使用的煤气，也可以用于合成氨、甲醇、液体燃料

如果用适当的催化剂使中热值气的 CO 跟 H_2 发生反应，就可以得到热值很高的高热值气：

$$CO(气)+3H_2(气) \xrightarrow{催化剂} CH_4(气)+H_2O(气)$$

高热值气的主要成分是甲烷，所以人们又把它称为代用天然气或合成天然气，它可以远距离输送。

煤的液化是指将煤与 H_2 在催化剂作用下转化为液体燃料，或利用煤产生的 H_2 和 CO 通过化学合成产生液体燃料或其他液体化工产品的过程。

煤的液化方法主要分为煤的直接液化和煤的间接液化两大类。

(1) 煤的直接液化：是指煤在 H_2 和催化剂作用下，通过加氢裂化转变为液体燃料的过程。裂化是一种使烃类分子分裂为几个较小分子的反应过程。因煤直接液化过程主要采用加氢手段，故又称煤的加氢液化法。

(2) 煤的间接液化：是以煤为原料，先气化制成合成气，然后，通过催化剂作用将合成气转化成烃类燃料、醇类燃料和化学品的过程。

【课堂互动】

1. 石油主要含有_____和_____元素，是由_____、_____和_____组成的混合物。石油的炼制方法有_____和_____等。其加工原理属于化学变化的是_____，属于物理变化的是_____。

2. 煤是由_____和_____组成的混合物，所含主要元素是_____。煤通过干馏可得到_____、_____、焦炉气和粗氨水、粗苯等。

3. 煤高温干馏的产物中，可用作燃料的是(　　)
   A. 焦炭　　　　B. 煤焦油　　　　C. 焦炉气　　　　D. 粗氨水

本 章 小 结

一、重要的烃类代表物

类别	结构简式	结构特点	主要化学性质	实验室制备方法
甲烷	CH_4	正四面体结构	1. 氧化反应 2. 取代反应	$CH_3COONa+NaOH \xrightarrow[\Delta]{CaO} CH_4\uparrow + Na_2CO_3$
乙烯	C_2H_4	含 C=C 为平面结构	1. 加成反应 2. 氧化反应 3. 聚合反应	$CH_3CH_2OH \xrightarrow[170℃]{浓硫酸} CH_2=CH_2\uparrow + H_2O$

续表

类别	结构简式	结构特点	主要化学性质	实验室制备方法
乙炔	C_2H_2	含 C≡C 为直线结构	1. 加成反应 2. 氧化反应 3. 聚合反应	$CaC_2 + 2H_2O \longrightarrow CH\equiv CH\uparrow + Ca(OH)_2$
苯	C_6H_6	平面正六边形结构	1. 氧化反应 2. 取代反应 3. 加成反应	

二、石油与煤的综合利用

知识点	知识内容
石油的分馏	利用烃的不同沸点，通过不断地加热和冷凝，把石油分离成不同沸点范围的蒸馏产物的过程
石油的裂化	在一定条件下，使长链烃断裂成短链烃的方法。主要产物是分子量较小的液态烃
石油的裂解	深度裂化，主要产物是乙烯等不饱和气态烃
煤的干馏	将煤隔绝空气加强热，使其结构破坏被分解的过程
煤的气化和液化	煤的气化是把煤中的碳转化为可燃性气体的过程 煤的液化是把煤转化成液体燃料的过程

自 测 题

一、名词解释

1. 取代反应
2. 加成反应
3. 聚合反应

二、填空题

1. 甲烷是一种_____、_____、_____溶于水的气体，密度比空气_____，是_____、_____和煤矿_____的主要成分。

2. 乙烯是一种_____色、_____气味的气体，_____溶于水，乙烯的结构简式为_____。

3. 苯属于_____烃，苯结构式是_____，苯分子中的_____个碳碳键是一种介于_____的特殊的化学键。

三、单选题

1. 下列燃料燃烧后，对空气无任何污染的是（ ）
   A. 煤　　　　B. 汽油
   C. 沼气　　　D. 氢气

2. 我国许多城市禁止汽车使用含铅汽油，其主要原因是（ ）
   A. 提高汽油燃烧效率
   B. 降低汽油成本
   C. 避免铅污染大气
   D. 铅资源短缺

3. 下列有关煤的说法，不正确的是(　　)

A. 煤是有机物组成的复杂混合物

B. 煤是工业上获得芳香烃的一种重要来源

C. 煤的干馏属于化学变化

D. 通过煤的干馏，可以得到焦炭、煤焦油、粗氨水、焦炉气等产品

4. 甲烷是最简单的烷烃，乙烯是最简单的烯烃，下列物质中，不能用来鉴别二者的是(　　)

A. 水　　　　　　　B. 溴水

C. 溴的四氯化碳溶液

D. 酸性高锰酸钾溶液

5. 下列说法中不正确的是(　　)

A. 苯不溶于水且比水轻

B. 苯具有特殊的香味，可作香料

C. 用冷水冷却苯，可凝结成无色晶体

D. 苯属于一种烃

(张世政)

第7章　常见烃的含氧衍生物

烃分子中的氢原子被含有氧原子的原子团所取代，衍生出的一系列新的化合物，称为烃的含氧衍生物。烃的含氧衍生物种类非常多，在人们生活中应用广泛、无处不在。例如，生活中的乙醇、乙酸等都是烃的含氧衍生物。本章主要介绍一些常见的烃的含氧衍生物，如乙醇、苯酚、甲醛、乙酸等。

情景导入

2011年，在北京东直门外大街，发生了一起因酒驾造成的严重交通事故。经审查，肇事驾驶员血液中的乙醇含量为243.04mg/100ml，已构成醉酒驾车。该肇事驾驶员后被判拘役6个月，罚金4000元。酒驾会对社会造成很大危害，所以必须做到开车不喝酒。

问题： 1. 日常生活中，有些人喝酒"千杯不醉"，而有些人只沾一点就面红耳赤，甚至酩酊大醉。这是为什么呢？

2. 乙醇是一种怎样的化合物？

第1节　乙醇和苯酚

一、乙　醇

乙醇俗称酒精，是无色透明的液体，易燃，沸点为78.5℃，能与水混溶。易挥发，密度为0.789g/cm³。乙醇能够溶解多种有机物和无机物，如医疗用的碘酒就是碘的乙醇溶液。

（一）乙醇的分子结构

乙醇可以看作乙烷分子中的一个氢原子被羟基(—OH)取代后的产物，分子式为C_2H_6O，结构式为

$$\begin{array}{c} \text{H} \quad \text{H} \\ | \quad\ \ | \\ \text{H—C—C—O—H} \\ | \quad\ \ | \\ \text{H} \quad \text{H} \end{array}$$

乙醇的结构简式为CH_3CH_2OH或C_2H_5OH。乙醇的分子模型如图7-1所示。

图7-1　乙醇的球棒模型

> **知识链接**　　　　　　　　　　　醇的结构

从结构上看,醇是指羟基与脂肪烃基、脂环烃基或芳香烃基侧链饱和碳原子相连的化合物。醇分子中都含有羟基(—OH)。羟基是醇的官能团,称为醇羟基。醇是由烃基和羟基两部分共同组成,可用 R—OH 结构通式来表示。如:

$$CH_3OH \qquad CH_3CHCH_2OH \qquad CH_3CH_2CH_2CH_2OH$$
$$\qquad |$$
$$\qquad CH_3$$

甲醇　　　　　　异丁醇　　　　　　　正丁醇
(一元醇)　　　　(一元醇)　　　　　　(一元醇)

$$CH_3CH_2OH \qquad \begin{matrix}CH_2-CH_2\\||\\OHOH\end{matrix} \qquad \begin{matrix}CH_2-CH-CH_2\\|||\\OHOHOH\end{matrix}$$

乙醇　　　　　　乙二醇　　　　　　　丙三醇
(一元醇)　　　　(二元醇)　　　　　　(三元醇)

(二) 乙醇的化学性质

羟基(—OH)是乙醇的官能团,乙醇的主要化学性质都发生在羟基及与其相连的碳原子上。

1. 与活泼金属反应

【演示实验7-1】　取一块绿豆大小的金属钠,放入盛有 1ml 无水乙醇的试管里,用大拇指堵住试管口,观察反应现象。反应结束后,放开拇指,迅速用火柴点燃生成的气体。然后小心加热试管至液体蒸发近干,加 1ml 水后用 pH 试纸测其水溶液的酸碱性。

实验结果表明,乙醇与金属钠反应,放出氢气并生成乙醇钠。但乙醇与钠的反应不像水与钠反应那样剧烈,说明乙醇的酸性比水弱。乙醇钠是一种白色固体,比氢氧化钠的碱性还强,性质不稳定,遇水则水解为乙醇和氢氧化钠。反应式如下

$$2CH_3CH_2OH + 2Na \longrightarrow 2CH_3CH_2ONa + H_2\uparrow$$
$$乙醇乙醇钠$$

$$CH_3CH_2ONa + H_2O \longrightarrow CH_3CH_2OH + NaOH$$

除了乙醇能与金属钠反应放出氢气外,其他的醇类物质大部分也可以发生类似反应。

2. 氧化反应　在有机反应中,通常将去氢或加氧的反应称为氧化反应,加氢或去氧的反应称为还原反应。

乙醇在空气中燃烧,生成二氧化碳和水,并放出大量的热。因此,乙醇在生活和工业中可被用作燃料。除了燃烧之外,乙醇还能够在一定条件下被氧化。

$$2CH_3CH_2OH + O_2 \xrightarrow[\Delta]{Cu/Ag} 2CH_3CHO + 2H_2O$$
$$乙醛$$

工业上利用这个原理,以乙醇为原料制取乙醛。

知识链接　　　　　　　　　酒精检测

交警使用酒精分析仪能快速、准确地测定出驾驶员呼出气体中的乙醇含量,从而判断其是否为酒后驾车。其原理是酒精分析仪内装有三氧化铬(橙红色晶体),三氧化铬是强氧化剂,能快速使乙醇氧化,自身被还原为绿色的三价铬离子。当被测人员对准酒精分析仪呼吸时,如果呼出气体中含有一定比例的乙醇蒸气时,分析仪内的三氧化铬就会迅速与之反应。通过颜色来判断饮酒量。酒后驾驶分两种:血液中乙醇含量达到20mg/100ml,但不足80mg/100ml,属于饮酒驾驶;血液中乙醇含量达到或超过80mg/100ml,属于醉酒驾驶。

3. 脱水反应　醇在脱水剂(如浓硫酸等)存在下加热,可发生脱水反应,其脱水方式随反应温度不同而异。

(1) 分子内脱水:乙醇在浓硫酸存在下加热到170℃左右,发生分子内脱水,生成乙烯。其反应式为

$$\underset{\text{乙醇}}{CH_2-CH_2 \atop |\ \ \ \ |\ \ \ \ \atop H\ \ \ \ OH} \xrightarrow[170℃]{\text{浓}H_2SO_4} \underset{\text{乙烯}}{CH_2=CH_2\uparrow} + H_2O$$

在适当条件下,从一个有机化合物分子中脱去一个小分子(如水、卤化氢等)生成不饱和化合物的反应称为消除反应(也称消去反应)。

(2) 分子间脱水:乙醇在浓硫酸存在下加热到140℃左右时,发生分子间脱水生成乙醚。此反应属于取代反应,反应式为

$$\underset{\text{乙醇}}{CH_3-CH_2-O-H + H-O-CH_2-CH_3} \xrightarrow[140℃]{\text{浓}H_2SO_4} \underset{\text{乙醚}}{CH_3-CH_2-O-CH_2-CH_3} + H_2O$$

(三) 乙醇的用途

乙醇能使蛋白质脱水变性凝固,故具有杀菌作用。在临床上常用体积分数为75%的乙醇溶液作外用消毒剂,又称消毒酒精。乙醇是重要的有机合成原料,大量用作燃料或制造饮料和香料。此外,乙醇可用于制备乙醛、乙酸、乙醚、农药或合成纤维、塑料、合成橡胶等多种产品。

知识链接　　　　　　　　　常见的醇

甲醇是最简单的醇,最初由木材干馏制得,故俗称木醇或木精,是无色易燃液体,有酒味,沸点64.7℃,其毒性很大,主要作用于神经系统。当甲醇被误服或从消化道、呼吸道、皮肤摄入都将会对人体产生毒性反应。急性反应表现为头痛、疲倦、恶心、视力减弱甚至失明(误服10ml以上即致人失明)、循环性虚脱、呼吸困难甚至死亡(误服30ml可导致死亡)。

丙三醇俗称甘油,是一种无色、无臭、略带甜味的黏稠性液体,沸点为290℃,比水重,能与水以任意比例混溶。甘油有润肤作用,但由于它本身吸湿性很强,对皮肤有刺激性,故使用时需与水以1:3混合稀释。临床上常用甘油栓或50%甘油溶液灌肠,治疗便秘。

二、苯 酚

苯酚(C_6H_5OH)简称酚,俗称石炭酸。纯苯酚是无色晶体,若见到酚呈红色,则是被空气氧化所致。苯酚具有特殊气味,常温下微溶于水,溶液呈混浊状;温度高于65℃时,可完全溶于水。苯酚可溶于乙醇、乙醚、苯等有机溶剂。苯酚有毒,苯酚及其溶液对皮肤有腐蚀性,使用时要小心。苯酚是重要的化工原料,可用于制造塑料、染料、药物等。

(一) 苯酚的分子结构

苯酚是酚类的代表性物质,其官能团是羟基,又称为酚羟基。分子式为C_6H_6O,结构简式为 ⌬—OH,简写为C_6H_5OH。其球棒模型如图7-2所示。

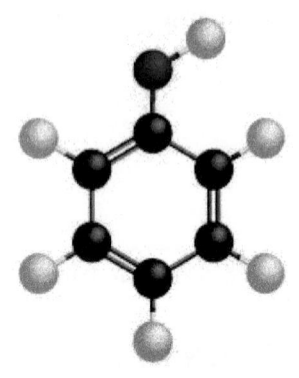

图 7-2 苯酚球棒模型

(二) 苯酚的性质

苯酚易被氧化,应盛放在棕色瓶中避光保存。

苯酚和乙醇都含有羟基,因而它们的化学性质有相似之处,但由于羟基所连接的烃基不同,所以性质又有所差别。苯酚的主要化学性质如下:

1. 弱酸性 苯酚的酸性比乙醇强得多,它不仅能与钾、钠等活泼金属反应放出氢气,还能与氢氧化钠、氢氧化钾等强碱反应,生成盐和水,而醇无此反应。

【演示实验7-2】 取1支试管,加入少量苯酚晶体,再加入1ml水,振荡,观察现象;然后,再往试管里逐滴加入5%的氢氧化钠溶液,振荡,再观察现象。

可以看到,苯酚晶体加水,经振荡后试管内容物呈混浊状,这是因为常温时,苯酚在水中的溶解度小所致。加入氢氧化钠溶液后,混浊液变得澄清、透明,这是因为二者反应生成了易溶于水的苯酚钠的结果。

$$\underset{\text{苯酚}}{C_6H_5OH} + NaOH \longrightarrow \underset{\text{苯酚钠}}{C_6H_5ONa} + H_2O$$

苯酚的酸性虽然强于乙醇,但仍属于弱酸,它不能使石蕊试纸变色,其酸性比碳酸弱。故苯酚能溶于碱性较强的碳酸钠溶液,但不能溶于碳酸氢钠溶液。若向苯酚钠的水溶液中通入二氧化碳,可使苯酚游离出来,从而使溶液变混浊。

$$C_6H_5ONa + CO_2 + H_2O \longrightarrow C_6H_5OH + NaHCO_3$$

2. 与三氯化铁的显色反应

【演示实验7-3】 在盛有1ml饱和苯酚溶液的试管中,滴加5滴0.06mol/L的三氯化铁溶液,振荡,观察现象。

可以看到，苯酚溶液立即显紫色。这是苯酚的很灵敏的特性反应。因此，常利用这一反应把苯酚与其他化合物区别开来。

3. 氧化反应 苯酚很容易被氧化，氧化产物很复杂。例如，纯苯酚是无色的晶体，在空气中能被氧化成粉红色、红色或暗红色。例如，用重铬酸钾和硫酸作为氧化剂，苯酚可被氧化成对苯醌。由于苯酚容易被氧化，所以在保存苯酚及含有酚羟基的药物时，应避免与空气接触，必要时须加抗氧剂。

4. 苯环上的取代反应 受酚羟基的影响，苯环上酚羟基的邻位和对位的氢原子很容易发生取代反应。

【演示实验7-4】 在盛有1ml饱和苯酚溶液的试管中，逐滴加入饱和溴水，观察现象。

可以看到，溶液立即产生白色沉淀，其反应式为

$$\underset{\text{苯酚}}{\text{C}_6\text{H}_5\text{OH}} + 3\text{Br}_2 \longrightarrow \underset{2,4,6\text{-三溴苯酚(白色)}}{\text{C}_6\text{H}_2\text{Br}_3\text{OH}} \downarrow + 3\text{HBr}$$

这个反应非常灵敏，可以用作苯酚的鉴别实验。

【课堂互动】

1. 实验室使用乙醇与浓硫酸混合加热的方法制取乙烯，但是主要产物为乙醚，请分析原因，并说出你的体会。
2. 请同学们根据苯酚的化学性质，用不同的化学方法区分乙醇和乙醚。

知识链接　　　　　　　　　　　　　乙醚

乙醚是具有特殊气味的无色液体，沸点为34.5℃，微溶于水，比水轻，极易挥发、燃烧。因此，使用时要远离火源，且失火时不能用水浇灭。

乙醚性质比较稳定，但当它与空气长期接触时可被氧化生成过氧化乙醚。乙醚能溶解许多有机物质，是常用的有机溶剂。乙醚有麻醉作用，是最早用于外科手术的吸入性全身麻醉剂，但由于其起效慢，还会引起恶心、呕吐等副作用，现已被性质更稳定、效果更好的恩氟烷和异氟烷等所替代。

第2节　甲醛和乙醛

甲醛和乙醛均属于醛类化合物，都是含有羰基的化合物。碳原子和氧原子以双键相结合的基团($-\overset{\overset{\text{O}}{\|}}{\text{C}}-$)称为羰基。羰基化合物广泛存在于自然界，它们既参与生物代谢过程，又是细胞代谢的基本成分。醛是羰基化合物中的一类重要物质，代表性化合物是甲醛和乙醛。

甲醛又称蚁醛，是最简单的醛，也是一种重要的有机化合物。甲醇在常温下是一种具有刺

激性气味的无色气体,沸点为-21℃,易溶于水,有毒。医药上,把质量分数为36%~40%的甲醛水溶液称为福尔马林。

乙醛是无色、具有刺激性气味的液体,密度小于水,沸点为20.8℃。乙醛易挥发,易燃烧,能与水、乙醇、氯仿等互溶。

一、甲醛和乙醛的分子结构

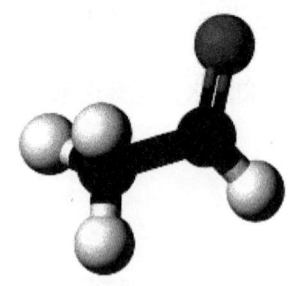

甲醛是最简单的醛,其结构式为 $H-\overset{\overset{O}{\|}}{C}-H$,简写为 HCHO。

乙醛的分子式是 C_2H_4O,结构式是 $H-\overset{\overset{H}{|}}{\underset{H}{C}}-\overset{\overset{O}{\|}}{C}-O-H$,结构简式为 CH_3CHO,其模型如图 7-3 所示。

图 7-3　乙醛球棒模型

二、甲醛和乙醛的主要化学性质

甲醛和乙醛的官能团都是醛基(—CHO),化学性质主要由醛基决定,因此它们的化学性质相似。但是由于甲醛结构上的原因导致甲醛的还原性更强,所以与乙醛略有不同。

(一) 加成反应

甲醛分子中的碳氧双键能够发生加成反应。例如,以热的镍为催化剂,甲醛可与氢气发生加成反应生成甲醇。

$$H-\overset{\overset{O}{\|}}{C}-H + H_2 \xrightarrow[\triangle]{\text{催化剂}} CH_3OH$$

乙醛可与氢气的加成反应生成乙醇。

$$CH_3-\overset{\overset{O}{\|}}{C}-H + H_2 \xrightarrow[\triangle]{\text{催化剂}} CH_3CH_2OH$$

(二) 氧化反应

甲醛和乙醛均易被氧化,如在一定温度和催化剂存在的条件下,甲醛能被氧化为甲酸,乙醛能被空气中的氧气氧化成乙酸。

$$2HCHO + O_2 \xrightarrow[\triangle]{Cu} 2HCOOH$$

$$2CH_3-\overset{\overset{O}{\|}}{C}-H + O_2 \xrightarrow[\triangle]{\text{催化剂}} 2CH_3COOH$$

工业上常利用这个反应制取乙酸。

甲醛和乙醛不仅能被 O_2 氧化，还能被弱氧化剂氧化。

1. 银镜反应

【演示实验 7-5】 在洁净的试管里加入 1ml 0.05mol/L 的 $AgNO_3$ 溶液，然后一边摇动试管，一边逐滴滴入 0.5mol/L 的稀氨水，至最初产生的沉淀恰好溶解为止(称为托伦试剂或银氨溶液)。再滴入 3 滴乙醛，振荡后把试管放在 60℃ 热水浴中加热，静置，观察现象。

不久可以看到，试管内壁上附着一层光亮如镜的金属银。在这个反应里，硝酸银与氨水生成的银氨溶液中含有 $[Ag(NH_3)_2]OH$(氢氧化二氨合银)，这是一种弱氧化剂，它能把乙醛氧化成乙酸，乙酸又与氨反应生成乙酸铵，而 Ag^+ 被还原成金属银。

$$CH_3CHO+2[Ag(NH_3)_2]OH \xrightarrow{\triangle} CH_3COONH_4+2Ag\downarrow+3NH_3+H_2O$$

由于生成的银附着在试管壁上，形成银镜，所以这个反应又称为**银镜反应**。甲醛也能发生银镜反应。

$$HCHO+4[Ag(NH_3)_2]OH \longrightarrow 4Ag\downarrow+6NH_3\uparrow+(NH_4)_2CO_3+2H_2O$$

银镜反应常用来检验醛基的存在，工业上可利用这一反应原理，把银均匀地镀在玻璃上制成镜子或保温瓶胆。

2. 斐林反应

【演示实验 7-6】 向试管中加入 2ml 淡蓝色的斐林试剂甲(0.2mol/L 的 $CuSO_4$ 溶液)和 2ml 无色的斐林试剂乙(0.8mol/L 酒石酸钾钠的氢氧化钠溶液)，振荡后得到一种深蓝色的溶液，称为斐林试剂，主要成分是 $Cu(OH)_2$。将深蓝色溶液均分至两支试管中，一支试管加入甲醛溶液 1ml，另一支试管加入乙醛溶液 1ml，加热到沸腾，观察现象。

可以看到，盛有乙醛的试管内有砖红色沉淀产生。该砖红色沉淀是 Cu_2O(氧化亚铜)，它是反应中的 $Cu(OH)_2$ 被乙醛还原产生的。由于甲醛的还原能力比其他的醛更强，与斐林试剂反应时，能将 Cu_2O 进一步还原为铜单质，并沉积于洁净的试管壁上形成铜镜，故甲醛与斐林试剂的反应又称为铜镜反应，此反应可用于甲醛与其他醛的鉴别。

$$HCHO+2Cu(OH)_2 \xrightarrow{\triangle} H_2CO_3+2Cu\downarrow+2H_2O$$
$$CH_3CHO+2Cu(OH)_2 \xrightarrow{\triangle} CH_3COOH+Cu_2O\downarrow+2H_2O$$

(三) 与席夫试剂的反应

将二氧化硫通入红色的品红水溶液中，至红色刚好消失为止，所得的无色溶液称为品红亚硫酸试剂，又称为席夫试剂。甲醛和乙醛与席夫试剂作用均可显紫红色，但甲醛与席夫试剂生成的紫红色产物加入硫酸后颜色不消失，乙醛与席夫试剂生成的紫红色产物加入硫酸后褪色，故席夫试剂也可用于甲醛与乙醛的鉴别。

(四) 生成缩醛的反应

醛在无水氯化氢作用下可与醇分子反应生成缩醛。例如，一分子乙醛与一分子乙醇发生加成反应，生成的化合物称为半缩醛。半缩醛中的羟基称为半缩醛羟基。

$$CH_3-\overset{\overset{O}{\|}}{C}-H + CH_3-CH_2-OH \xrightarrow{\text{干}HCl} CH_3-\underset{\underset{OC_2H_5}{|}}{\overset{\overset{OH}{|}}{C}}-H$$

半缩醛不稳定，其分子中的半缩醛羟基继续与另一分子醇脱去一分子水而生成缩醛。缩醛是具有花果香味的液体。

$$CH_3-\underset{\underset{OC_2H_5}{|}}{\overset{\overset{OH}{|}}{C}}-H + CH_3-CH_2-OH \xrightarrow{\text{干}HCl} CH_3-\underset{\underset{OC_2H_5}{|}}{\overset{\overset{OC_2H_5}{|}}{C}}-H + H_2O$$

除了上述性质之外，甲醛还能生成多聚甲醛。甲醛在水溶液中以水合甲醛的形式存在，水合甲醛失水缩合生成多聚甲醛晶体，因而甲醛久置后会产生混浊或沉淀。多聚甲醛经加热(160～200℃)后，即可解聚重新生成甲醛。

甲醛溶液与氨水共同蒸发时生成白色晶体环六亚甲基四胺[$(CH_2)_6N_4$]，药名为乌洛托品，在医药上用作尿道消毒剂，它能在患者体内慢慢分解产生甲醛，甲醛由尿道排出时将细菌杀死。

甲醛的用途非常广泛，黏合剂、合成树脂、表面活性剂、塑料、橡胶、皮革、造纸、染料、医药、农药、照相胶片、炸药、建筑材料的生产及消毒、熏蒸和防腐过程中均要使用到甲醛。

人在新装修的房子或新购买的车里面待久了会有头昏脑胀、眼睛难受甚至流泪等不适症状，这就是甲醛在作怪。研究表明，甲醛具有强烈的致癌和促进癌变的作用。甲醛对人体健康有着极大的危害，是装修中的隐形"杀手"之一。

长期接触低剂量的甲醛可引起各种慢性呼吸道疾病，引起青少年记忆力和智力下降，引起鼻腔、口腔、咽喉、皮肤和消化道癌症，引起细胞核基因突变，抑制DNA损伤修复，引起女性月经紊乱、妊娠综合征、新生儿染色体异常等，甚至可以引起白血病。在所有接触者中，儿童、孕妇、老人由于抵抗力较低，对甲醛尤为敏感，受到的危害也更大。

知识链接　　　丙酮

丙酮是最简单的酮，其结构简式为$CH_3-\overset{\overset{O}{\|}}{C}-CH_3$，属于羰基化合物，为无色、易挥发、易燃烧的液体。沸点为56.5℃，能与水、乙醇、乙醚、氯仿混溶，并能溶解树脂、油脂等许多有机物，是常用的有机溶剂。

丙酮是体内脂肪代谢的中间产物。正常情况下，血液中的丙酮含量很低。糖尿病患者由于代谢发生障碍，体内常有过量的丙酮产生，并从尿液中排出。检查尿液中是否含有丙酮的方法是向尿液中滴加亚硝酰铁氰化钠溶液和氢氧化钠溶液，如有丙酮存在，尿液即显鲜红色。

【课堂互动】

请同学们比较甲醛和乙醛在化学性质方面的差异，并用不同的化学方法区分甲醛和乙醛。

第3节 乙 酸

乙酸俗称醋酸，是具有强烈刺激性酸味的无色液体，沸点为118℃，熔点为16.6℃。纯乙酸在温度低于16.6℃时凝结成冰状固体，故又称冰醋酸。乙酸是人类最早使用的羧酸，为重要的化工原料，可以合成许多有机物，如乙酸纤维、乙酐、乙酸乙酯等。乙酸的酸性弱，对物质的损伤作用小，工业上常用其代替酸性强的无机酸。乙酸还被广泛地用作溶剂。医药上用乙酸的稀溶液作为消毒防腐剂，生活中常用"食醋消毒法"预防流感。

一、乙酸的分子结构

乙酸是饱和一元羧酸的代表，其结构式为

$$H-\underset{\underset{H}{|}}{\overset{\overset{H}{|}}{C}}-\overset{\overset{O}{\|}}{C}-O-H$$

，结构简式为 CH_3COOH。其球棒模型如图7-4所示。

乙酸的官能团是羧基($-\overset{\overset{O}{\|}}{C}-OH$)，羧基是由羰基($-\overset{\overset{O}{\|}}{C}-$)和羟基($-OH$)直接相连而成，这两个基团相互影响，使乙酸表现出特殊的性质。

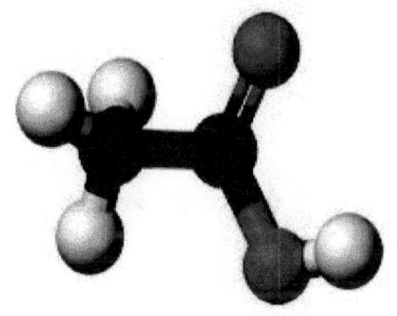

图7-4 乙酸球棒模型

二、乙酸的主要化学性质

(一) 酸性

乙酸由于羧基中的羰基和羟基之间的相互影响，使得羟基上的氢易解离出氢离子，在水中表现出明显的酸性。乙酸具有酸的通性。例如，乙酸的水溶液能使紫色石蕊试液变红，与活泼金属发生置换反应，与碱发生中和反应，它可以与某些盐，如碳酸盐(因为乙酸的酸性比碳酸强)发生复分解反应。具体反应方程式如下：

$$2CH_3COOH+2Na \longrightarrow 2CH_3COONa+H_2\uparrow$$

$$CH_3COOH+NaOH \longrightarrow CH_3COONa+H_2O$$

$$CH_3COOH+NaHCO_3 \longrightarrow CH_3COONa+H_2O+CO_2\uparrow$$

乙酸与盐酸、硫酸等无机强酸相比，酸性弱得多。但在有机物中是酸性较强的一类化合物。酸性由强到弱如下所示。

$$CH_3COOH>H_2CO_3>C_6H_5OH>C_2H_5OH$$

(二) 酯化反应

乙酸和乙醇混合，在浓硫酸的催化下可以发生脱水反应，同时生成了具有苹果香味的乙酸乙酯。

$$CH_3-\overset{O}{\underset{\|}{C}}-\boxed{OH + H}-O-CH_2CH_3 \underset{}{\overset{浓H_2SO_4}{\rightleftharpoons}} CH_3-\overset{O}{\underset{\|}{C}}-OCH_2CH_3 + H_2O$$

　　乙酸　　　　　　乙醇　　　　　　　　乙酸乙酯

　　经过实验证明：乙酸与乙醇反应时，乙酸失去羟基(—OH)，乙醇失去氢原子(—H)，其余部分结合生成酯。

　　羧酸与醇作用生成酯和水的反应，称为酯化反应。酯化反应的速率很慢，当加入催化剂后可以大大加快反应速率。在实验室里，通常使用浓硫酸作为催化剂。酯化反应是可逆反应。在同样的条件下，酯也可以水解为羧酸和醇。

　　(三) 脱羧反应

　　羧酸失去羧基放出二氧化碳的反应，称为脱羧反应。乙酸中羧基与烃基相连的碳碳键较弱，容易断裂，大多数一元羧酸盐受热即发生脱羧，生成少一个碳的烃。例如，将无水乙酸钠与碱石灰混合加热，就可脱去一分子二氧化碳生成甲烷。该反应在实验室里常用来制备甲烷。

$$CH_3COONa+NaOH \xrightarrow[\triangle]{CaO} CH_4\uparrow +Na_2CO_3$$

知识链接

甲酸

　　甲酸俗称蚁酸，其结构简式为 HCOOH，常以游离态形式存在于许多昆虫体内，如可见于赤蚁、蜂、毛虫等的分泌物中；也存在于某些植物中，如荨麻、蝎子草、松节针和一些果实如绿葡萄中；人体的肌肉、皮肤、血液和排泄物中也含有甲酸。甲酸是具有刺激性酸味的无色液体，沸点为100.5℃，与水互溶。在饱和一元羧酸中，它的酸性最强，并具有很强的腐蚀性。甲酸的结构比较特殊，它的羧基与氢原子直接相连，从结构上看，甲酸分子中既含有羧基又含有醛基。

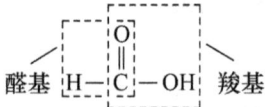

　　因此，甲酸既具有羧酸的酸性，又具有醛的还原性，故常用托伦试剂和斐林试剂区别甲酸与其他的羧酸。

本章小结

类别	官能团	结构简式	化学性质	鉴别方法
乙醇	—OH(醇羟基)	CH_3CH_2OH	1. 与金属反应 2. 氧化反应 3. 脱水反应	无水乙醇与金属钠反应放出氢气
苯酚	—OH(酚羟基)	C_6H_5OH	1. 酸性 2. 取代反应 3. 与$FeCl_3$显色	1. 与溴水反应 2. 与$FeCl_3$反应

续表

类别	官能团	结构简式	化学性质	鉴别方法
乙醛	—CHO	CH_3CHO	1. 与氢气加成 2. 氧化反应	1. 银镜反应 2. 与新制氢氧化铜反应
乙酸	—COOH	CH_3COOH	1. 酸性 2. 酯化反应	1. 使紫色石蕊试液变红 2. 与碱反应

自测题

一、填空题

1. 乙醇与浓硫酸共热到 170℃左右，发生_____反应，生成_____。浓硫酸的作用是_____。

2. 苯酚具有腐蚀性，如不慎溅到皮肤上，应立即用_____洗涤。

3. 乙醛的官能团是_____。结构简式为_____。乙醛能与托伦试剂反应产生_____，与新制氢氧化铜反应生成_____。

4. 乙酸的俗名是_____，它的酸性比碳酸要_____。

5. 乙酸分子中的_____和乙醇分子中_____结合，脱去一分子水生成乙酸乙酯。在这个反应中，浓硫酸起_____作用。

二、单选题

1. 乙醇在( )的条件下氧化得到乙醛。
   A. 点燃
   B. 浓 H_2SO_4
   C. 140℃
   D. 加热并有 Cu 或 Ag 作催化剂

2. 医学上把体积分数为( )的乙醇溶液称为消毒酒精。
   A. 75%   B. 95%
   C. 25%~50%   D. 无水乙醇

3. 乙醇与浓硫酸共热到 170℃左右，发生分子内脱水，生成( )
   A. 乙烷   B. 乙烯
   C. 乙醚   D. 乙酸

4. 将无水乙醇与浓硫酸混合加热到 140℃可生成( )
   A. 甲醚   B. 甲醇
   C. 乙醚   D. 乙烯

5. 下列化合物中，能与 $FeCl_3$ 溶液发生显色反应的是( )
   A. 乙醇   B. 苯酚
   C. 苯甲醇   D. 苯

6. 向下列溶液中通入 CO_2 后，能使溶液迅速变混浊的是( )
   A. 乙醇钠   B. 苯酚钠溶液
   C. 乙酸钠溶液 D. 甘油

7. 下列物质能与托伦试剂(银氨溶液)反应生成明亮的银镜的是( )
   A. 乙酸   B. 乙醛
   C. 苯甲醇   D. 苯

8. 下列物质能与斐林试剂反应生成铜镜的是( )
   A. 乙醇   B. 乙醛
   C. 甲醛   D. 乙酸

9. 福尔马林的主要成分是( )
   A. 甲醇   B. 甲酸
   C. 苯甲醇   D. 甲醛

10. 能与乙醇发生酯化反应的物质是（　　）
   A. 乙酸　　　　B. 甲醇
   C. 甲醛　　　　D. 甲烷

三、写出下列化合物的结构式

1. 酒精　　　　2. 石炭酸

3. 乙醛　　　　4. 乙酸

四、问答题

1. 请通过网络查询、小组讨论、教师指导，了解甲醛及其性质，写出一份介绍甲醛在生活中危害的简报。

2. 请搜集一些乙酸在生活中的应用方面的小窍门，分享给大家。

(夏振展)

第8章 食品营养与健康

机体摄取食物，经过消化、吸收、代谢和排泄，利用食物中的营养物质和其他对身体有益的成分构建组织器官、调节各种生理功能，维持正常生长、发育和防病保健。

> **情景导入**
>
> 今日食堂菜谱：
> 主食：白米饭。
> 菜单：糖醋排骨、清蒸鲫鱼、凉拌黄瓜、红烧豆腐、番茄蛋汤。
> **问题：** 1. 这份食谱提供了哪些营养素？
> 　　　　2. 这份食谱中哪些能提供丰富的蛋白质？

第1节　人类重要的营养物质

食物中具有营养价值的物质统称为营养素，主要有糖类、油脂、蛋白质、维生素、矿物质和水六大类。它们是维持人体的物质组成和生理功能不可缺少的要素，也是生命活动的物质基础。

一、糖　类

糖类是自然界中广泛分布的一类重要的有机化合物。日常食用的蔗糖、粮食中的淀粉、植物体中的纤维素、人体血液中的葡萄糖等均属糖类。糖类在生命活动过程中起着重要的作用，是一切生命体维持生命活动所需能量的主要来源。

从分子结构上看，糖类是多羟基醛或多羟基酮及其脱水缩合物。根据能否水解及水解后的产物不同，糖类可以分为单糖、寡糖和多糖三类。单糖不能水解，如葡萄糖、果糖等。寡糖也称低聚糖，水解生成2~10个单糖分子，其中以双糖最常见，如蔗糖、麦芽糖、乳糖等。多糖水解生成多个单糖分子，如淀粉、糖原、纤维素等，属于天然高分子聚合物。

（一）单糖

1. 单糖的结构　单糖的种类很多，按结构中含有醛基或酮基可分为醛糖和酮糖；按所含碳原子数目，可分为丙糖、丁糖、戊糖和己糖等。

自然界的单糖以戊糖和己糖最为常见，其中以葡萄糖最为重要。

(1) 葡萄糖的结构：葡萄糖是己醛糖，分子式为 $C_6H_{12}O_6$。葡萄糖的结构表示为：

$$\begin{array}{c} CHO \\ H-C-OH \\ HO-C-H \\ H-C-OH \\ H-C-OH \\ CH_2OH \end{array} \quad 或 \quad \begin{array}{c} CHO \\ H \!-\!\!-\! OH \\ HO \!-\!\!-\! H \\ H \!-\!\!-\! OH \\ H \!-\!\!-\! OH \\ CH_2OH \end{array} \quad 或 \quad \begin{array}{c} CHO \\ | \\ | \\ | \\ | \\ CH_2OH \end{array}$$

(2) 果糖的结构：果糖是己酮糖，分子式为 $C_6H_{12}O_6$，与葡萄糖互为同分异构体。其结构表示为：

$$\begin{array}{c} CH_2OH \\ C=O \\ HO-C-H \\ H-C-OH \\ H-C-OH \\ CH_2OH \end{array} \quad 或 \quad \begin{array}{c} CH_2OH \\ C=O \\ | \\ | \\ | \\ CH_2OH \end{array}$$

葡萄糖、果糖分子内羟基与羰基结合，形成环状结构，产生一个半缩醛羟基。

2. 单糖的性质　单糖都是白色或无色晶体，有甜味和吸湿性，易溶于水，难溶于乙醇和乙醚。

单糖是多官能团化合物，具有羰基和羟基的化学性质。

(1) 氧化反应

1) 与托伦试剂、斐林试剂反应：托伦试剂、斐林试剂是碱性弱氧化剂，单糖都能被这些弱氧化剂氧化，生成复杂的氧化产物。单糖与托伦试剂反应生成银镜；与斐林试剂反应生成砖红色氧化亚铜沉淀。

$$单糖 + \left[Ag(NH_3)_2\right]OH \longrightarrow 2Ag\downarrow + 复杂的氧化产物$$

$$单糖 + 2Cu(OH)_2 \longrightarrow Cu_2O\downarrow + 2H_2O + 复杂的氧化产物$$

凡是能被托伦试剂、斐林试剂氧化的糖，称为还原糖；反之，凡是不能被托伦试剂、斐林试剂氧化的糖，称为非还原糖。

2) 与溴水反应：醛糖中的醛基在溴水中可被氧化成羧基而生成糖酸，使溴水褪色；酮糖与溴水不起作用，故利用该反应可以区别醛糖和酮糖。

(2) 成苷反应：葡萄糖环状式中的半缩醛羟基(—OH)与醇或酚分子中的羟基(—OH)反应，分子间脱水生成葡萄糖缩醛，即糖苷。

(3) 成酯反应：葡萄糖分子中的羟基(—OH)可与磷酸等发生成酯反应，生成葡萄糖酯。

3. 常见的单糖

(1) 葡萄糖：无色晶体，味甜，易溶于水，难溶于有机溶剂。在人体或动物体的生命过程中，葡萄糖是新陈代谢中不可缺少的营养物质，也是运动所需能量的重要来源。血液中的葡萄糖称为血糖，正常人血糖浓度为 3.9～6.1mmol/L。

(2) 果糖：是天然糖中最甜的糖，游离的果糖存在于蜂蜜和水果中，大量的果糖以结合状态存在于蔗糖中。纯净的果糖是无色晶体，不易结晶，通常是黏稠性液体，易溶于水、乙醇和乙醚。

果糖虽是酮糖，但果糖的酮基因受相邻碳原子上羟基的影响而变得活泼，属于还原糖，能与托伦试剂、斐林试剂反应，也能发生成酯反应和成苷反应。

(二) 双糖

双糖是能水解生成两分子单糖的糖。重要的双糖有蔗糖、麦芽糖、乳糖等，其分子式都为 $C_{12}H_{22}O_{11}$，互为同分异构体。麦芽糖、乳糖为还原糖，蔗糖为非还原糖。

1. 蔗糖　是白色晶体，易溶于水，其溶解度随温度的升高而增大；难溶于乙醇、氯仿、醚等有机溶剂。日常食用的白糖、红糖等都是蔗糖。

蔗糖是非还原糖，不能与托伦试剂、斐林试剂作用。蔗糖比其他双糖易水解，在弱酸或酶的催化作用下，水解生成等量的葡萄糖和果糖，此混合物称为转化糖，比蔗糖更甜，是蜂蜜的主要成分。

$$C_{12}H_{22}O_{11} + H_2O \xrightarrow{H^+ 或酶} C_5H_{11}O_5CHO + C_5H_{12}O_5CO$$
　　蔗糖　　　　　　　　　　　葡萄糖　　　　果糖

2. 麦芽糖　是淀粉在体内消化过程的一个中间产物，可以由淀粉在淀粉酶作用下水解产生。常温下，纯麦芽糖为透明针状晶体，易溶于水，微溶于乙醇，不溶于醚；其甜味柔和，有特殊风味。麦芽糖易被机体消化吸收，在糖类中营养最为丰富。

麦芽糖有还原性，能与托伦试剂、斐林试剂作用，能发生成苷反应和成酯反应。麦芽糖可被酵母发酵，水解后产生 2 分子葡萄糖。

$$C_{12}H_{22}O_{11} + H_2O \xrightarrow{H^+ 或酶} 2C_5H_{11}O_5CHO$$
　　麦芽糖　　　　　　　　　葡萄糖

3. 乳糖　是哺乳动物乳汁中的主要糖成分。纯品乳糖为白色固体，在水中溶解度小，甜度弱。

乳糖具有还原性，可被乳糖酶和稀酸水解生成葡萄糖和半乳糖，不被酵母发酵。乳酸菌可使乳糖发酵变为乳酸。乳糖的存在可以促进婴儿肠道双歧杆菌的生长，也有助于机体内钙的代谢和吸收，但对体内缺乳糖酶的人群，它可导致乳糖不耐症。

(三) 多糖

多糖是指 10 个以上单糖分子脱水后通过糖苷键连接而成的高分子化合物，其化学组成可用通式$(C_6H_{10}O_5)_n$表示。

多糖广泛分布于自然界，食品中的多糖有淀粉、糖原、纤维素、果胶、植物胶及改性多糖等。多糖一般无甜味，不溶于水，不具有还原性，经过酸或酶水解时，多糖分解为组成它的结构单糖，中间产物是寡糖。

1. 淀粉 是绿色植物光合作用的产物，在植物的种子、根和块茎中含量丰富。淀粉有直链淀粉和支链淀粉两类。直链淀粉是可溶性的，支链淀粉不可溶。直链淀粉与碘作用呈蓝色。

在稀酸和酶的作用下，淀粉发生水解。在人体内，淀粉首先被淀粉酶转化为麦芽糖，继续水解得到葡萄糖，供人的机体利用。

2. 糖原 是在人和动物体内储存的一种多糖，又称动物淀粉或肝糖。当血液中葡萄糖(血糖)含量升高时，多余的葡萄糖经一系列酶催化反应而合成糖原储存于肝脏和肌肉中，因此糖原有肝糖原和肌糖原之分。糖原在人体内的储存对维持人体血糖浓度有重要的调节作用。在剧烈运动时，肌糖原通过无氧氧化转变成乳酸，同时释放能量以供人体需求。

3. 纤维素 是自然界存在量最大的多糖。纤维素是植物细胞壁的构成物质，常与半纤维素、木质素和果胶质结合在一起。人体没有分解纤维素的消化酶，不能消化纤维素。食草动物具有分解纤维素苷键的水解酶，因此能以纤维素作为营养来源。

近年来的研究发现，食物纤维具有独特的作用。纤维素具有吸附大量水分，增加粪便量，促进肠蠕动，加快粪便的排泄，使有害物质在肠道内的停留时间缩短，减少肠道的不良刺激等作用，从而可以预防消化系统疾病的发生。纤维素能与食物中的胆固醇及三酰甘油结合，减少脂类的吸收，预防和治疗冠心病。因此纤维素在人的食物中是不可缺少的，多吃蔬菜和水果，以保证适量的纤维素摄入，对人体健康有着重要意义。

二、酯 和 油 脂

酯是一种重要的羧酸衍生物，广泛存在于自然界中，许多水果和花草的香味都来源于酯。油脂广泛存在于动植物体中，是人类的主要营养物质之一，也是一种重要的工业原料，属于酯类化合物。

（一）酯

酯形式上是含氧酸 $R_kE(=O)_l(OH)_m(l, m≠0)$ 和醇、酚、杂芳酚通过前者的酸羟基和后者的羟基之间失一分子水而连接形成的化合物。由无机含氧酸和醇等反应生成的酯，称为无机酸酯；由有机酸和醇等反应生成的酯，称为有机酸酯，简称酯。

1. 酯的结构和命名 酯的结构通式为 $R-\overset{O}{\underset{\|}{C}}-O-R'$，简写式为 R—COOR'，其中 $-\overset{O}{\underset{\|}{C}}-O-$ 称为酯键，是酯的官能团。

酯是根据组成酯的羧酸和醇来进行命名，羧酸名称在前，醇的名称在后，将后面的"醇"字改为"酯"字，称为"某酸某酯"。例如：

$$\underbrace{CH_3-\overset{O}{\underset{\|}{C}}-O}_{\text{乙酸}}\underbrace{-CH_3}_{\text{甲酯}} \qquad \underbrace{CH_3-CH_2-\overset{O}{\underset{\|}{C}}-O}_{\text{丙酸}}\underbrace{-CH_2-CH_3}_{\text{乙酯}}$$

2. 酯的性质 低级酯是有怡人香味的液体，存在于各种水果和花草中。高级酯是蜡状固体，无水果香味。酯的密度一般小于水，并难溶于水，易溶于乙醇和乙醚等有机溶剂。酯可用作溶剂，也可用作制备饮料和糖果的香料。

酯是中性化合物，主要化学性质是可发生水解反应。酯的水解反应速率慢，反应不完全，可以加入少量酸或碱作催化剂，加快酯的水解速率。酯的水解反应与酸和醇的酯化反应互为逆反应。例如：

$$CH_3-\overset{O}{\underset{\|}{C}}-O-CH_2CH_3 + H_2O \underset{酯化}{\overset{水解}{\rightleftharpoons}} CH_3-\overset{O}{\underset{\|}{C}}-OH + HO-CH_2-CH_3$$

(二) 油脂

油脂是油和脂肪的总称。在室温下，通常呈液态的油脂称为油，如花生油、芝麻油、豆油、菜籽油等植物油脂；通常呈固态的油脂称为脂肪，如牛脂、羊脂等动物油脂。油脂是由高级脂肪酸与甘油(学名丙三醇)所生成的酯，所以油脂属于酯类。

1. 油脂的组成和结构 自然界中的油脂是多种物质的混合物，其主要成分是一分子的甘油与三分子的高级脂肪酸脱水形成的酯，称为三酰甘油(甘油三酯)。油脂的结构可以表示为：

$$\begin{array}{l} CH_2-O-\overset{O}{\underset{\|}{C}}-R_1 \\ | \\ CH-O-\overset{O}{\underset{\|}{C}}-R_2 \\ | \\ CH_2-O-\overset{O}{\underset{\|}{C}}-R_3 \end{array}$$

结构式里 R_1、R_2、R_3 代表脂肪酸的烃基，它们可能相同，也可能不同。人体血液中甘油三酯的正常值为 0.56～1.70mmol/L。甘油三酯长期偏高会加速血管的硬化，促进全身动脉粥样硬化，同时诱发高血压、心肌梗死、冠心病等恶性疾病。

组成油脂的脂肪酸的种类较多，大多数是含偶数碳原子的直链高级脂肪酸，其中以含十六和十八个碳原子的高级脂肪酸最为常见，如软脂酸 $C_{15}H_{31}COOH$，油酸 $CH_3(CH_2)_7CH=CH(CH_2)_7COOH$。多数的脂肪酸在人体内都能够进行合成，只有亚油酸、亚麻酸、花生四烯酸等在人体内不能合成，但它们又是营养上不可缺少的脂肪酸，必须由食物供给，因而称为必需脂肪酸。例如，花生四烯酸是合成体内重要活性物质前列腺素的原料，人体必须从食物中摄取。

2. 油脂的性质

(1) 物理性质：纯净的油脂是无色、无味的，天然油脂是混合物，没有固定的熔点和沸点，密度小于水，难溶于水，易溶于汽油、乙醚、氯仿等有机溶剂。

(2) 化学性质

1) 水解反应：在酸、碱或酶等催化剂的作用下，油脂均可发生水解反应。1分子油脂完全水解的产物是1分子甘油和3分子高级脂肪酸。

油脂在碱性溶液中水解，生成甘油和高级脂肪酸盐，生成的高级脂肪酸盐被称为肥皂，所以将油脂在碱性溶液中发生的水解反应称为皂化反应。

油脂在不完全水解时，生成脂肪酸、甘油二酯和甘油一酯。脂肪水解后生成的甘油、脂肪酸、甘油一酯和甘油二酯在体内均可被吸收利用。

> **知识链接**　　　　　　　　　　软皂
>
> 　　由高级脂肪酸钠盐组成的肥皂，称为"钠肥皂"，这是常用的普通肥皂。由高级脂肪酸钾盐组成的肥皂，称为"钾肥皂"，它就是医药上常用的软皂。由于软皂对人体皮肤、黏膜刺激性小，医药上常用作灌肠剂或乳化剂。

　　2）油脂的氢化：液态油在催化剂存在并加热、加压的条件下，可以跟氢气发生加成反应，提高油脂的饱和度，生成固态油脂，此反应称为油脂的氢化，又称油脂的硬化。氢化后的油脂称为硬化油。硬化油性质稳定、不易变质、便于运输，可用作生产肥皂、脂肪酸、甘油、人造奶油等的原料。

　　3）酸败：天然油脂在空气中放置过久，就会变质，产生难闻的气味，这个过程称为酸败。酸败的主要原因是空气中的氧、水分或微生物的作用，使油脂中的不饱和脂肪酸的双键部分被氧化成过氧化物，此过氧化物继续氧化或分解产生有臭味的低级醛、酮和羧酸等化合物。

　　酸败的油脂不能食用。为防止油脂的酸败，必须将油脂保存在低温、避光的密闭容器中。

三、蛋　白　质

　　蛋白质是人类重要的营养物质之一，也是生物体内极为重要的高分子化合物，所有生命过程都与蛋白质密不可分。所以，蛋白质是一切生命活动的重要物质基础。氨基酸是构成蛋白质的基本结构单位。

　　（一）氨基酸

　　1. 氨基酸的结构　　羧酸分子中烃基上的氢原子被氨基取代而生成的化合物，称为氨基酸。氨基酸分子中同时含有氨基（—NH_2）和羧基（—COOH）两种官能团，属于取代羧酸。

　　根据分子中氨基和羧基的相对位置不同，氨基酸分为 α-氨基酸、β-氨基酸、γ-氨基酸等。其中，构成蛋白质的氨基酸几乎都是 α-氨基酸。α-氨基酸的结构通式为

$$\overset{\alpha}{R-CH-COOH} \atop {|\atop NH_2}$$

　　自然界中存在的氨基酸有 200 余种，而构成蛋白质的氨基酸只有 20 多种，其中大多数氨基酸人和动物自身能合成，称为非必需氨基酸；在人和动物自身不能合成或合成不足，必须依靠食物来供给的氨基酸，称为必需氨基酸，对成人来说必需氨基酸有 8 种，分别是赖氨酸、甲硫氨酸、色氨酸、缬氨酸、亮氨酸、异亮氨酸、苏氨酸和苯丙氨酸。

　　2. 氨基酸的性质

　　(1) 氨基酸的物理性质：天然的氨基酸都是无色固体，能形成一定形状的结晶，熔点较高。氨基酸除少数外一般均能溶于水，但难溶于乙醇及乙醚等有机溶剂。有的氨基酸具有甜味，但也有无味甚至苦味的。例如，谷氨酸的钠盐则具有鲜味，是调味品"味精"的主要成分。

　　(2) 氨基酸的化学性质

　　1）氨基酸的两性：氨基酸分子中含有碱性的氨基和酸性的羧基，属于两性化合物。
氨基酸分子内的氨基与羧基之间可相互作用，氨基能接受由羧基上电离出的氢离子，而成

为两性离子(分子内盐)。

2) 成肽反应：两个氨基酸分子(可以相同，也可以不同)，在酸或碱存在的条件下加热，通过一分子的氨基与另一分子的羧基间脱去一分子水，缩合生成肽的反应，称为成肽反应。

二肽分子中的酰胺键是氨基酸分子间脱水缩合的桥梁，称为肽键。

(二) 蛋白质

1. 蛋白质的组成　多种氨基酸分子按不同的顺序以肽键结合，形成了千百万种具有不同理化性质和生理活性的多肽链。分子量在 10 000 以上的，并具有一定空间结构的多肽，称为蛋白质。

蛋白质是一类十分重要的含氮的生物高分子化合物，蛋白质种类繁多，结构复杂，主要含有 C、H、O、N、S 等五种元素，某些蛋白质含有 P，少量蛋白质含有微量 Fe、Zn、Mn、Cu 及其他元素。

2. 蛋白质的性质　形成蛋白质的多肽是多个氨基酸脱水形成的，在多肽链的两端还存在着自由的氨基和羧基，并且蛋白质的侧链中也有大量的酸性或碱性基团。因此，蛋白质与氨基酸一样具有两性，既能与酸反应，又能与碱反应。除此之外，蛋白质还具有自身的特性。

(1) 蛋白质的水解：蛋白质在酸、碱溶液中加热或在酶的催化下，能水解为分子量较小的肽类化合物，最终逐步水解成各种 α-氨基酸。

(2) 蛋白质的盐析：在蛋白质溶液中加入某些无机盐，如 $(NH_4)_2SO_4$、Na_2SO_4 等溶液，可以使蛋白质分子凝聚而从溶液中析出，这种作用称为盐析。盐析所得的蛋白质仍可溶解在水中，而不影响原来蛋白质的性质。所以，盐析是一个可逆的过程。

(3) 蛋白质的变性：在某些物理因素或化学因素的影响下，蛋白质的理化性质和生物活性随之改变的作用，称为蛋白质变性。物理因素有加热、高压、超声波、紫外线、X 射线等，化学因素有强酸、强碱、重金属盐、乙醇、苯酚等。蛋白质变性后，发生凝固，沉淀不能重新溶解于水中，具有生物活性的蛋白质(酶、激素、抗体等)经变性后即失去原有的活性，如酶变性后不再具有催化活性。

(4) 蛋白质的颜色反应

1) 黄蛋白反应：含有苯环的蛋白质遇浓硝酸立即变成黄色，再加氨水后又变为橙色，这个反应称为黄蛋白反应。

2) 缩二脲反应：蛋白质在碱性溶液中与硫酸铜溶液作用，显紫色或紫红色，称为缩二脲反应。因为蛋白质分子中含有许多肽键，所以蛋白质分子能发生缩二脲反应，而氨基酸不发生此反应，因此利用缩二脲反应可鉴别蛋白质。

3) 茚三酮反应：除脯氨酸、羟脯氨酸和茚三酮反应产生黄色物质外，所有 α-氨基酸及一切蛋白质都能和茚三酮反应生成蓝紫色物质。该反应十分灵敏，常用作蛋白质的定性鉴定。

四、维生素与微量元素

维生素和微量元素在人体中的含量很少，但在生命体内起着重要的作用。体内如果缺乏某种维生素或微量元素，将会引起相应的疾病。

(一) 维生素

维生素是维持人体正常生命活动所必需的一类低分子有机化合物,存在于天然食物中,人体几乎不能合成,需要量甚微,在机体的代谢、生长、发育过程中起着重要的作用。

根据溶解性质的不同,维生素可分为脂溶性维生素和水溶性维生素两大类。脂溶性维生素包括维生素A、维生素D、维生素E、维生素K;水溶性维生素包括B族维生素(维生素B_1、维生素B_2、维生素B_6、维生素B_{12}等)和维生素C。

1. 脂溶性维生素

(1) 维生素A:又叫视黄醇或脱氢视黄醇,耐高温,在空气中易被氧化。

维生素A是合成视紫质的原料,该物质是一种感光物质,存在于视网膜内;有助于保护皮肤、鼻、咽喉、呼吸器官的内膜,消化系统及泌尿生殖道上皮组织的健康,并提高机体免疫力;与维生素D及钙等营养素共同维持骨骼、牙齿的生长发育;预防甲状腺肿;系胆固醇合成皮质醇和糖原所必需成分。

缺乏维生素A会引起夜盲症;可引起干眼病,使视力衰退;会使儿童生长缓慢,骨骼、牙齿发育失常,皮肤干燥,腹泻、肾和膀胱结石加重及生殖功能失调等。

(2) 维生素D:有五种化合物,与健康关系较密切的是维生素D_2和维生素D_3。存在于部分天然食物中;受紫外线照射后,人体内的胆固醇能转化为维生素D。

维生素D主要有以下生理功能:提高机体对钙、磷的吸收,使血浆钙和血浆磷的水平达到饱和程度;促进生长和骨骼钙化,促进牙齿健全;通过肠壁增加磷的吸收,并通过肾小管增加磷的再吸收;维持血液中柠檬酸盐的正常水平;防止氨基酸通过肾脏排泄损失。

人体缺乏维生素D会引起佝偻病、手足抽搐和软骨病。

长期摄入过多的维生素D,将引起高血钙和高尿钙。特征为食欲减退,过度口渴,恶心,呕吐,烦躁,体弱,便秘腹泻交替出现,严重者将因肾钙化、心脏和大动脉钙化而死亡。

(3) 维生素E:又名生育酚,共有8种化合物,其中的α-生育酚最具生物活性,和人体健康关系最密切。不耐热、酸、碱,易被氧化。

维生素E是一种强抗氧化剂,能有效地阻止食物和消化道内脂肪酸的酸败,保护细胞免受不饱和脂肪酸氧化产生的有害物质的伤害;是极好的自由基清除剂,能保护生物膜免受自由基攻击,是有效的抗衰老营养素;可提高机体免疫力;能维持红细胞的完整性,促进红细胞的生物合成;是细胞呼吸的必需促进因子,可保护肺组织免受空气污染。

缺乏维生素E将会引起不育、肌肉萎缩、心肌异常、贫血等;维生素E缺乏症患者不能吸收脂肪,血液和组织中维生素E水平低,红细胞脆性增加,红细胞的寿命缩短,尿中肌酸的排泄增加。

维生素E是相对无毒的,但如摄入过量时会觉得恶心,因摄入过量的维生素E能从粪便中排出,因此,它是安全性很高的营养素。

2. 水溶性维生素

(1) 维生素B_1:又叫硫胺素,别名为抗神经炎素。

维生素B_1能促进糖类和脂肪的代谢,在能量代谢中起辅酶作用,没有硫胺素就没有能量;还能提供神经组织所需要的能量,防止神经组织萎缩和退化。维生素B_1有助于预防和治疗维生素B_1缺乏症(脚气病);它对人体的直接功能:维持正常的食欲、肌肉的弹性和健康的精神状态。

维生素 B_1 轻度缺乏可导致糖代谢失调，引起厌食、体力下降、疲劳、忧郁、急躁、生长滞缓、手脚麻木和心电图异常；严重缺乏使脚气病达到顶点，产生多发性神经炎(神经性肺炎)、消瘦或水肿、心脏功能失调。

(2) 维生素 C：又叫抗坏血酸。在所有维生素中，维生素 C 是最不稳定的，在贮藏、加工和烹调时，容易被破坏；它还易被氧化和分解。

维生素 C 可促进骨胶原的生物合成，利于组织创伤伤口的更快愈合，促进酪氨酸和色氨酸的代谢，延长机体寿命；改善铁、钙和叶酸的利用；改善脂肪和类脂特别是胆固醇的代谢，预防心血管疾病；促进牙齿和骨骼的生长，预防牙龈出血；增强机体对外界环境的抗应激能力和免疫力。

维生素 C 缺乏时，其症状表现为牙龈肿胀出血，牙床溃烂，牙齿松动，骨骼畸形、易骨折，伤口难愈合等。进一步则引起维生素 C 缺乏症(坏血病)、贫血、大出血和心脏衰竭，严重时有猝死的危险。

维生素 C 是相对无毒的营养素，但每天摄入量超过 8g 会有害，症状包括恶心、腹部痉挛、腹泻等，并可能引起铁的过量吸收、红细胞破坏、骨骼矿物质代谢增强，妨碍抗凝剂的治疗作用，使血浆胆固醇水平升高，并可能对大剂量维生素 C 形成依赖。

(二) 微量元素

人体内含量小于体重 0.01%的元素为微量元素，又称痕量元素，包括铁(Fe)、铜(Cu)、锌(Zn)、锰(Mn)、碘(I)等。

微量元素在人体中的含量极微小，但生物学作用极大。若体内缺乏某种微量元素，将会引起生理功能异常，发生相应的疾病，但一般不危及生命。下面介绍几种主要的微量元素。

铁是人体内含量最大的微量元素。铁的主要生理功能是参与血红蛋白的生成。缺铁会引起贫血；缺铁会使机体免疫功能受到损害，机体易受感染，并引起体内维生素及无机盐代谢的紊乱，孕妇缺铁会影响本人和胎儿的身体健康，使胎儿发育不良或异常。为防止缺铁，应多吃含铁丰富的食物，如木耳、猪肝、海带、蛋黄、谷物、豆类、菠菜、水果等。

锌是人体内多种酶的组成成分，它直接参与蛋白质和核酸的合成，影响细胞的分裂、生长和再生。孕妇缺锌可导致胎儿生长缓慢，严重的可导致流产甚至死胎；婴幼儿缺锌可引起厌食、偏食、口腔溃疡、湿疹、发育缓慢、免疫力低下等，严重的还会出现缺锌性侏儒综合征；成人缺锌可引起糖尿病、风湿性心脏病等疾病。为了防止缺锌，应多吃含锌丰富的食物，如肉、蛋、奶、谷物等。

碘在人体内主要集中分布在甲状腺内。甲状腺中的碘能形成甲状腺激素，而甲状腺激素对机体的生长发育，以及对体内物质和能量的代谢都有十分重要的影响。常见的碘缺乏病有地方性甲状腺肿、地方性克汀病。严重的碘缺乏病会造成痴呆、聋哑、侏儒等。为防止碘缺乏可以吃加碘的食盐或食用含碘的食物，如海带等海产品，以及奶、肉、水果等。

需要注意的是，当人体对某种微量元素的摄入量超过了肾和肠道的排泄能力时，该元素就会在体内蓄积，会对某脏器或某系统的组织细胞造成损害，甚至引起严重的疾病，这时必需元素就转变成了有害元素。例如，过量摄入铁可导致青年智力发育缓慢及肝硬化；过量摄入锌会引起头晕、肠胃炎和皮肤病等。

【课堂互动】
1. 人体中的必需氨基酸有哪 8 种?
2. 为什么重金属盐中毒的患者可用灌服大量牛奶、豆浆或生鸡蛋清的方法来抢救?

第 2 节　关注食品营养健康

一、合 理 膳 食

健康是人人渴望与追求的，如何从膳食中吃出健康更是现代人特别关注的。膳食(又称"饮食")是指日常所吃的食物和饮料。所有的食物都来自植物和动物。人们通过饮食获得所需要的各种营养素和能量，维护自身健康。合理的饮食及充足的营养，能提高人们的健康水平，预防多种疾病的发生发展，延长寿命。

糖类、油脂、蛋白质、维生素、微量元素等，都是和生命息息相关的营养物质，通过前面的学习，我们了解到人体每天都必须合理摄入一定量的这些营养物质。真正健康的膳食不可忽视饮食的合理搭配，为此，我国制定了居民平衡膳食宝塔，如图 8-1 所示。

盐	≤6g
油	25~30g
奶及奶制品	300g
大豆及坚果类	25~35g
畜禽肉	40~75g
水产品	40~75g
蛋类	40~50g
蔬菜类	300~500g
水果类	200~350g
谷薯类	250~400g
全谷物和杂豆	50~150g
薯类	50~100g
水	1500~1700ml

每天活动6000步

图 8-1　中国居民平衡膳食宝塔

例如，学生每日饮用食物的合适量(营养食谱)：

主食(米、面、杂粮)：400～500g

肉类(包括鱼、虾)：50～75g

蛋类(1～2 个)：50～100g

豆制品：50～100g

新鲜蔬菜：400～500g

植物油：10g

食盐：4～6g(低盐饮食标准为每日每人不超过6g)

除以上食物外，酌情增加下列食物：

牛奶：150～200g

水果：400～500g

芝麻、花生、大蒜：不多于50g

甜食(糕点、糖果)：不多于15g

合理营养就是一日三餐所提供的各种营养素能够满足人体的生长、发育和各种生理、体力活动的需要，也就是膳食调配合理，达到膳食平衡的目的。主食有粗有细，副食有荤有素，既要有动物性食品和豆制品，也要有较多的蔬菜，还要经常吃些水果，这样才能做到合理营养，合理膳食。总之，食物要多样，食盐要限量；饥饱要适当，甜食要少吃；油脂要适量，饮食要节制；粗细要搭配，三餐要合理。

不合理的饮食、营养过度或不足，都会给健康带来不同程度的危害。饮食过度会因为营养过剩引起肥胖症、糖尿病、胆石症、高脂血症、高血压等多种疾病，甚至诱发肿瘤，如乳腺癌、结肠癌等，不仅严重影响健康，而且会缩短寿命。饮食中，长期营养素不足，可导致营养不良，贫血，多种常量及微量元素、维生素缺乏，影响儿童智力生长发育，使人体抗病能力及劳动、工作、学习能力下降。

人体所需营养的满足应该主要通过饮食来完成。食物能够提供对身体有益的营养物质和其他合成物质。在某些特定情况下，强化食品和膳食补充物可能会帮助增加一种或多种仅靠一般饮食而摄入量不足的营养物质。然而，尽管在某些情况下会推荐膳食补充物，但它仍然不能代替健康的饮食。合理平衡的膳食和适宜的身体锻炼可改善人们的健康状况，降低慢性疾病的发病危险。

二、树立食品安全意识

常言道："民以食为天，食以安为先"。食品安全关系到每一个人的生命健康。为此，我们在合理膳食的同时，更要提高食品安全意识。

(一) 食物酸碱性

食物的酸碱性是按照食物在体内代谢最终产物的性质来分类，是指食物的呈酸性或呈碱性。

由碳、氮、硫、磷等元素组成的蛋白质，在体内经过消化、吸收后，代谢产物一般呈酸性，这样的食品属于酸性食品；某些蔬菜、水果多含钾、钠、钙、镁等盐类，在人体内代谢后生成碱性物质，使体液呈弱碱性，这类食物习惯上称为碱性食物。

常见食物的酸碱性：

1. 强酸性食品　蛋黄、乳酪、西点、柿子、乌鱼子、柴鱼等。

2. 中酸性食品　火腿、培根、鸡肉、鲔鱼、猪肉、鳗鱼、牛肉、马肉、面包、小麦、奶油等。

3. 弱酸性食品　白米、花生、酒、油炸豆腐、海苔、文蛤、章鱼、泥鳅等。

4. 弱碱性食品　红豆、萝卜、苹果、甘蓝菜、洋葱、豆腐等。

5. 中碱性食品　萝卜干、大豆、红萝卜、番茄、香蕉、橘子、南瓜、草莓、蛋白、梅干、柠檬、菠菜等。

6. 强碱性食品　葡萄、葡萄酒、茶叶、海带等。

人的体质同样分为酸性和碱性。正常人体液维持着比较稳定的酸碱度，呈中性、弱碱性，用 pH 表示，酸碱度正常范围是 7.35～7.45。由于人体存在着很完善的调节机制，所以能维持酸碱平衡状态，否则会出现"酸中毒"或者"碱中毒"。因此，在日常饮食中，应注意酸、碱性食物的搭配，以调节人体的酸碱平衡。

(二) 食品添加剂

随着食品工业的发展，食品添加剂已成为人们生活中不可缺少的物质。为了改善食物的色、香、味，或补充食品在加工过程中失去的营养成分，以及防止食物变质等，我们经常会在食物中加入一些天然的或化学合成的物质，这些物质称为食品添加剂。联合国粮食及农业组织(FAO)和世界卫生组织(WHO)联合食品法规委员会给出的定义是：食品添加剂是有意识地一般以少量添加于食品，以改善食品的外观、风味、组织结构或储存性质的非营养物质。

1. 常用的食品添加剂 依据其来源分为：天然添加剂与人工合成添加剂。天然添加剂来自天然物，主要由植物组织中提取，也包括来自动物和微生物的一些色素。人工合成添加剂是指用人工化学合成方法所制得的有机色素，主要是以煤焦油中分离出来的苯胺染料为原料制成的；依据其功能可分为着色剂、调味剂、防腐剂、增白剂、营养强化剂等 23 类。

常用食品添加剂：

(1) 防腐剂：常用的有苯甲酸钠、山梨酸钾、二氧化硫、乳酸等。用于果酱、蜜饯等的食品加工中。

(2) 着色剂：常用的合成色素有胭脂红、苋菜红、柠檬黄、靛蓝等。它可以改变食品的外观，增强食欲。

(3) 增稠剂和稳定剂：可以改善或稳定冷饮食品的物理性状，使食品外观润滑细腻。可使冰淇淋等冷冻食品长期保持柔软、疏松的组织结构。

(4) 膨松剂：部分糖果和巧克力中添加膨松剂，可促使糖体产生二氧化碳，从而起到膨松的作用。常用的膨松剂有碳酸氢钠、碳酸氢铵、复合膨松剂等。

(5) 增白剂：过氧化苯甲酰是面粉增白剂的主要成分。增白剂超标，会破坏面粉的营养成分，水解后产生的苯甲酸会对肝脏造成损害。过氧化苯甲酰在欧盟等发达国家已被禁止作为食品添加剂使用，我国在 2011 年 5 月禁止了过氧化苯甲酰作为增白剂使用。

(6) 香料：有合成的，也有天然的，香型很多。例如，消费者常吃的各种口味的巧克力，在生产过程中广泛使用各种香料使其具有各种独特的风味。

2. 食品添加剂的作用 合理使用食品添加剂可以防止食品腐败变质，保持或增强食品的营养价值，改善或丰富食物的色、香、味等。

在规定的范围内使用食品添加剂，一般认为对人体是无害的，但是违反规定，将一些不能作为食品添加剂的物质当作食品添加剂，或者超量使用食品添加剂，都会损害人体健康。

食品添加剂的毒性是指其对机体造成损害的能力。其毒性除与物质本身的化学结构和理化性质有关外，还与其有效浓度、作用时间、接触途径和部位、物质的相互作用与机体的功能状态等条件有关。因此，不论食品添加剂的毒性强弱、剂量大小，对人体均有一个剂量与效应关系的问题，即物质只有达到一定浓度或剂量水平，才显现毒害作用。

在很长的一段时间里，由于人们没有认识到合成色素的危害，并且合成色素与天然色素相比较，具有色泽鲜艳、着色力强、性质稳定和价格便宜等优点，许多国家在食品加工行业普遍使用合成色素。随着社会的发展和人们生活水平的提高,越来越多的人对于在食品中使用合成色素会不会对人体健康造成危害提出了疑问。与此同时,大量的研究报告指出,几乎所有的合成色素都不能向人体提供营养物质,某些合成色素甚至会危害人体健康。

【课堂互动】

1. 谈谈你的饮食习惯,并进行自我评价。
2. 谈谈你对食品添加剂的认识。

本章小结

一、重要的营养物质

营养素	主要化学性质	知识内容
糖类	1. 单糖可发生氧化反应、成苷反应、成酯反应 2. 寡糖和多糖都水解	糖类是多羟基醛或多羟基酮及其脱水缩合物。根据能否水解及水解后的产物,糖可以分为单糖、寡糖和多糖三类
油脂	1. 水解反应 2. 油脂的氢化 3. 酸败	1. 油脂是油和脂肪的总称。在室温下,通常呈液态的油脂称为油,通常呈固态的油脂称为脂肪 2. 油脂是由高级脂肪酸与甘油(学名丙三醇)所生成的酯
蛋白质	1. 蛋白质具有两性 2. 蛋白质的水解 3. 蛋白质的盐析 4. 蛋白质的变性 5. 蛋白质的颜色反应	蛋白质是一类十分重要的含氮的生物高分子化合物,种类繁多,结构复杂,主要含有 C、H、O、N、S 等五种元素
维生素	根据溶解性质的不同,维生素可分为脂溶性维生素和水溶性维生素两大类	维生素是维持人体正常生命活动所必需的一类低分子有机化合物,存在于天然食物中,人体几乎不能合成,需要量甚微,在机体的代谢、生长、发育过程中起着重要的作用
微量元素	微量元素在生命体内的作用很大。若体内缺乏某种微量元素,将会引起生理功能及组织结构异常,引发相应的疾病,但一般不危及生命	人体内含量小于体重 0.01% 的元素称为微量元素,又称痕量元素,包括铁(Fe)、铜(Cu)、锌(Zn)、锰(Mn)、碘(I)等

二、关注食品营养健康

1. 合理膳食,合理摄取营养物质,促进身心健康。
2. 树立食品安全意识,正确使用食品添加剂。

一、名词解释

1. 单糖
2. 酯
3. 皂化反应
4. 蛋白质
5. 蛋白质的盐析

二、填空题

1. 油脂是_____和_____的总称。从化学结构来看，油脂是由1分子的_____和3分子的_____形成的酯。一般地，在室温下为_____态的称为油，在室温下为_____态的称为_____。

2. 氨基酸分子既含有酸性的_____，又含有碱性的_____，是_____化合物。

3. 人体缺乏_____会引起夜盲症，缺乏_____会引起佝偻病。

三、单选题

1. 葡萄糖不能发生的反应是( )
   A. 水解反应　　　　B. 成苷反应
   C. 成酯反应　　　　D. 氧化反应

2. 下列对多糖的叙述不正确的是( )
   A. 多糖没有还原性
   B. 多糖没有甜味
   C. 多糖都能水解
   D. 多糖都能与碘液作用显蓝色

3. 乙酸和甲醇在一定条件下发生酯化反应的产物是( )
   A. 甲酸甲酯　　　　B. 甲酸乙酯
   C. 乙酸甲酯　　　　D. 乙酸乙酯

4. 在组成蛋白质的氨基酸中，人体必需氨基酸有( )种。
   A. 6　　　　　　　　B. 7
   C. 8　　　　　　　　D. 9

5. 临床上检验患者尿中的蛋白质是利用蛋白质受热凝固的性质，这属于蛋白质的( )
   A. 显色反应　　　　B. 水解反应
   C. 盐析作用　　　　D. 变性作用

6. 下列物质不能发生水解反应的是( )
   A. 氨基酸　　　　　B. 蛋白质
   C. 纤维素　　　　　D. 乙酸乙酯

四、问答题

1. 如何用化学方法鉴别麦芽糖与蔗糖?

2. 根据所学知识，为自己制定一份合理的膳食方案。

(侯轶男)

第9章 保护生存环境

地球是人类共同的家园，环境与资源是人类生存和发展的基本条件。然而，随着现代工业和社会经济的迅速发展，环境污染、气候变化、资源短缺等问题日益突出，环境问题已经成为人类普遍关注的全球性问题。实施可持续发展战略与保护人类赖以生存的环境至关重要。

情景导入

2013年6月中央电视台播出的《新闻调查——淮河癌伤》，报道了淮河流域的严重污染状况。20世纪80年代以来，随着工业化、城镇化进程的突飞猛进，工业废水、生活污水、城镇垃圾等纷纷向河道倾泻，污染之害，从水质由清变浊的表象，向人的体质由健康到多病的深层发展。国家有关部门相关性研究证明，淮河流域的确存在"癌症村"，其发病率高过全国平均水平5~10倍，癌症高发和水环境污染有关。

问题：1. "癌症村"的情况说明存在哪些问题？
　　　2. 解决和处理这些问题，需要采取哪些措施？

第1节 我们生存的环境

1992年6月，在里约热内卢召开的联合国环境与发展大会通过了以可持续发展为核心的《里约环境与发展宣言》《21世纪议程》等文件。随后，我国政府编制了《中国21世纪议程——中国21世纪人口、环境与发展白皮书》，首次把可持续发展战略纳入我国经济和社会发展的长远规划。20多年以来，我国政府十分重视环境保护工作，制定完善法律法规，使环境保护事业走上了健康发展道路。

一、环境的概念与分类

（一）环境的概念

我们生存的环境，即人类环境。《中华人民共和国环境保护法》规定，该法所称环境是指影响人类生存和发展的各种天然的和经过人工改造的自然因素的总体，包括大气、水、海洋、土地、矿藏、森林、草原、湿地、野生动物、自然遗迹、人文遗迹、自然保护区、风景名胜区、城市和乡村等。

（二）环境的分类

环境是一个复杂体系，目前还没有统一的分类方法。一般按照环境的形成、人类活动影响和环境功能等进行分类。

1. 按照环境的形成，可分为自然环境和人工环境　自然环境就是指人类生存和发展所依赖的各种自然条件的总和；人工环境是指为了满足人类的需要，在自然物质的基础上，通过人类长期有意识的社会劳动，加工和改造自然物质，创造物质生产体系，积累物质文化等所形成的环境体系。

2. 按照环境是否受过人类活动的影响，可分为原生环境和次生环境　原生环境是指自然形成的、未受或少受人为因素影响的环境。在原生环境中存在着多种对人类健康有利的因素，如清洁空气、水、土壤，适宜的阳光和优美的风光等。但有些原生环境也存在不利于人类健康的因素，如原生环境中水、土壤里某些元素过多或过少，而造成当地居民具有明显区域性的特异性疾病，如克山病、氟骨症等。次生环境是指受人类活动和影响而形成的环境。人类在改造自然的过程中，虽然为人类的生存提供了良好的物质条件，但也存在忽视对自然资源和环境保护的问题，在向自然界索取过程中破坏了自然平衡，向自然界排放废弃物的过程中造成了环境污染。

3. 按照环境的功能，可分为生活环境和生态环境　生活环境是与人类生活关系密切的各种自然和人工的环境条件，如居住、工作、娱乐和社会活动等；生态环境是与人类生存和发展有关的生态系统所构成的自然环境。广义上讲，生态环境可以包括生活环境。相对于生活环境而言，生态环境对健康的影响可能更间接、更宏观、更复杂、更深远。我国现行法律法规多采用这种分类方法。

二、环境与健康

在人类赖以生存的环境中，影响着人类健康的因素是多方面的，主要有环境因素、生物因素、生活方式因素和保健服务因素，其中环境因素占17%、生物因素占15%、保健服务因素占8%、生活方式因素占60%。

随着社会进步和经济的发展，环境因素对人类健康的影响越来越明显和突出。环境因素中阳光、空气、水、气候、地理等，是人类赖以生存的物质基础，是人类健康的根本。环境污染已成为全世界普遍关注的问题和人类社会面临的重大挑战，也已成为制约我国经济可持续发展的一大障碍。

> **知识链接**　　　　　　　　健康定义
>
> 1989年，世界卫生组织(WHO)对健康的定义：健康是"生理、心理、社会适应和道德方面的良好状态"。

(一) 环境污染

1. 环境污染概念　环境污染是指由于人为的或自然的原因，进入环境的污染物超过了环境的自净能力，使环境的组成和性质发生改变，扰乱了生态平衡，直接或间接影响到人体的健康和生物的正常生长。

2. 环境污染物及其分类

(1) 环境污染物：是指进入环境并引起环境污染或环境破坏的物质。

(2) 环境污染物分类：方法有多种，常用的分类方法有以下两种。

1) 按属性分类

A. 化学性污染物：重金属(如汞、铅、镉)、有害气体(如 SO_2、NO_x、CO)等无机化合物，和甲醛、苯、多氯联苯、有机磷农药及高分子化合物等有机化合物。它是种类最多、最复杂、影响最广的一类污染物。

B. 生物性污染物：微生物、寄生虫及有害动植物等。

C. 物理性污染物：如噪声、振动、电离辐射、电磁辐射等。

2) 按形成过程分类

A. 一次污染物：由污染源直接排入环境，理化性质未发生改变的化合物，如 SO_2、NO_x、CO、汞、铅、镉等。

B. 二次污染物：排入环境中的一次污染物，在物理、化学、生物因素的作用下发生变化，或与环境中的其他物质发生反应，形成理化性质不同于一次污染物的、新的、危害更大的污染物。例如，SO_2 在环境中转化形成的 H_2SO_4(酸雨)，碳氢化合物、NO_x 在紫外光照射下，经过光化学反应生成臭氧、醛类及过氧乙酰硝酸酯(光化学烟雾)等二次污染物。

(二) 环境污染对健康的影响

1. 急性危害　污染物在短期内浓度很高，或者几种污染物联合进入人体可以对人体造成急性危害。氯、氨、SO_2、CO、H_2S 等气体及农药、砷化物等随着废气、废水大量排放，引起人畜中毒的事件时有发生。

2. 慢性危害　主要指小剂量的污染物持续地作用于人体产生的危害。例如，大气污染物长期作用与慢性阻塞性肺部疾病有关。

3. 远期危害　环境污染对人体的危害，一般是经过一段较长的潜伏期后才表现出来，如环境因素的致癌、致畸、致突变危害(称为"三致"效应)。常见致癌物如苯并(α)芘、煤焦油、石棉、联苯胺、铬和铬化物、苯等；致畸物如甲基汞、环磷酰胺、多氯联苯、碘化物、甲苯等；能诱发(基因、染色体)突变的环境因素如苯并(α)芘、甲醛、砷化物、亚硝酸盐、N-亚硝基化合物、X 射线、黄曲霉毒素等。

三、化学污染

化学污染是指由于化学物质(化学品)进入环境后造成的环境污染，即因化学污染物引起的环境污染。这些化学物质既有有机物，也有无机物，它们大多是人类生产、生活所产生的产品、副产品或废弃物、污染物，也有二次污染物。其中分布广泛并且对人体健康危害严重的化学性污染物主要有硫氧化物、氮氧化物、一氧化碳、气溶胶、挥发性有机物、重金属化合物、石油、酚、农药、卤代烃等。我们主要从大气化学污染、室内化学污染、水体化学污染及"白色污染"几个方面来进行介绍。

(一) 大气化学污染

知识链接　　　　　　　　比利时马斯河谷烟雾事件

马斯河谷是比利时一个重要的工业区。1930 年 12 月 1 日到 5 日，整个比利时被大雾笼罩。河谷内工厂排放的大量烟雾在河谷上空无法扩散，造成严重的大气污染。河谷地区的居民有几千人生病，症状表现为胸痛、咳嗽、呼吸困难等。一周内有 60 多人死亡，以心脏病和肺病死亡率最高。许多家畜也大量死亡。

包围地球的空气即大气。大气是地球上一切生命体的必需物质，人通过呼吸与外界不断进行气体交换，从空气中吸入氧气，呼出二氧化碳，以维持生命活动。一个成年人每天大约呼吸2万余次，吸入10~15m³空气。因此，空气的洁净程度及空气污染物的理化性状与人类健康有着十分密切的关系。

1. 大气化学污染概念 大气化学污染是指人类在社会发展或自然变迁中，排放进入大气的化学污染物超过了大气的自净能力，从而导致大气质量下降、恶化，使其化学、物理、生物等特性发生改变，给生存在大气圈中的生物包括人类的健康造成危害，使工农业生产受到影响。大气化学污染由于具有扩散速度快、影响范围广、危害持续时间长的特点，成为人类社会治理环境污染的一个棘手问题。

大气中主要污染物及污染源，如表9-1所示。

表9-1 大气中主要污染物与污染源

污染物	主要来源
SO_2	煤、石油等燃料的燃烧，石油、金属冶炼等
颗粒物	燃料燃烧、建筑施工、工业生产、垃圾焚烧、汽车尾气等
NO_x	汽车尾气、化肥生产及使用等
CO_2	煤、石油等燃料的燃烧、工业生产、垃圾焚烧、金属冶炼等
Pb	含铅汽油的燃烧、铅的冶炼、电焊等

2. 大气化学污染的危害 大气中的化学污染物主要通过呼吸道进入人体，一般不经肝脏解毒，直接进入血液循环到全身。所以，大气的化学性污染对人体健康的危害，除与进入体内污染物的毒性有关外，还与污染物的浓度、水溶性或脂溶性的大小等有关。大气化学污染的危害，一般分为慢性中毒、急性中毒和致癌作用三种。

知识链接 认识雾霾

霾也称灰霾。雾霾天气是一种大气污染状态，雾霾是对大气中各种悬浮颗粒含量超标的笼统表述。随着空气质量的恶化，霾天气现象增多，危害加重。中国不少地区把雾并入霾天气现象一起作为灾害性天气预警预报，统称为"雾霾天气"。

3. 空气污染指数(AQI) 是一种评价大气环境质量状况简单而直观的指标。通过报告每日空气质量的参数，描述空气清洁或者污染的程度，以及对健康的影响。指数越大、级别越高，说明空气污染的情况越严重，对人体的健康危害也就越大。

(二) 室内化学污染

知识链接 装修污染致母子同患血液性疾病案例

2001年10月，南京市民栗某请装饰公司装修新居，入住3个月后，栗某及其母亲发现同患再生障碍性贫血。经检测，发现其居室内环境中甲醛超标12.6倍，挥发性有机物超标3.3倍。

室内环境是人类生存和活动的重要场所，城市居民每天 80%～90%的时间是在各种室内环境中度过的。室内化学污染的危害，已引起人们广泛的关注和重视。

目前，我国室内化学污染主要来自燃料燃烧、吸烟、日用化学品、建筑材料和室内装饰装修材料。据研究发现，室内环境中的化学性污染物主要有甲醛、苯、甲苯、二甲苯、氨气、二氧化硫、二氧化氮、一氧化碳、二氧化碳、总挥发性有机物(TVOC)和可吸入颗粒物。下面介绍几种室内主要污染物的来源及其危害。

1. 甲醛 是一种无色液体，具有强烈的刺激性气味。易溶于水，35%～40%的甲醛水溶液称为"福尔马林"。甲醛是室内空气主要污染物之一，其污染来源可分为室外和室内两种。来自室外空气的甲醛污染，如工业废气、汽车尾气、光化学烟雾等，这部分甲醛含量很少，污染的机会也很少；来自室内空气的甲醛污染，如家具、室内装修装饰、建筑材料、家用化工产品等释放出的甲醛，是造成室内空气甲醛污染的主要来源。

甲醛主要经呼吸道进入人体，也可经皮肤进入人体。对皮肤和黏膜有强烈的刺激作用。当室内空气中甲醛含量达 $0.1mg/m^3$ 时，就有异味和不适感；当甲醛含量达 $30mg/m^3$ 时，可引起恶心、呕吐、胸闷、气喘，甚至肺水肿；当甲醛含量达 $100mg/m^3$ 时，可立即致人死亡。长期接触低浓度甲醛，可引起慢性呼吸道疾病、视网膜选择性损害、女性月经紊乱、妊娠综合征、新生儿染色体异常、青少年记忆力下降，甚至引起鼻咽癌、结肠癌。WHO 已经确定甲醛为致癌和致畸性物质。

《室内空气质量标准》(GB/T 18883—2002)中甲醛的浓度限值为 $0.10mg/m^3$(1 小时均值)。

2. 二氧化硫 为无色气体，具有强烈刺激性臭味。易溶于水，其水溶液呈酸性。二氧化硫是室内空气中最常见、最重要的污染物。其主要来源于燃料燃烧、工业生产，如居民以煤炭为生活燃料、火力发电厂发电、硫酸及硫酸盐制造、漂白、熏蒸消毒杀虫等，都可产生二氧化硫，污染室内空气。

由于二氧化硫易溶于水，被吸入人体后易被上呼吸道和支气管黏膜黏液吸收并造成刺激，导致支气管炎、肺炎，严重者可引起肺水肿和呼吸肌麻痹等。吸入高浓度二氧化硫能引起急性支气管炎，甚至喉头痉挛而窒息的危险。

《室内空气质量标准》(GB/T 18883—2002)中二氧化硫的浓度限值为 $0.50mg/m^3$(1 小时均值)。

3. 苯和苯系物 苯、甲苯、二甲苯属同系物(俗称三苯)，均为无色、有芳香气味的易挥发液体。不溶于水，易溶于有机溶剂。三苯是室内空气主要污染物之一，其污染来源主要为室内装修和化工生产两类。在室内装修中，使用三苯作为油漆、涂料的稀释剂和黏合剂，从而造成较严重的室内空气污染。在化学工业生产中，三苯是化学工业的基本原料，也是工业上优良的有机溶剂。因此，在许多化工工业生产过程中，都可能造成三苯的逸出，污染室内空气。

苯、甲苯、二甲苯主要以蒸气状态存在于空气中，一般经呼吸道进入人体。苯属中等毒性物质，甲苯、二甲苯均属低毒类化合物。长期接触低浓度的苯，可致慢性中毒，造成神经系统和造血系统损害，引起神经衰弱综合征和白细胞、红细胞、血小板减少症，导致牙龈和鼻黏膜出血，并伴有头晕、头痛、乏力、记忆力减退，甚至造成再生障碍性贫血、白血病等。当空气中苯浓度达到 2%时，人吸入 5～10 分钟，可致人苯急性中毒致死；甲苯、二甲苯对生殖功能有一定影响，可导致胎儿先天性缺陷。甲苯、二甲苯对皮肤和黏膜刺激性大，对神经系统损伤比苯强，长期接触可引起膀胱癌。

《室内空气质量标准》(GB/T 18883—2002)浓度限值(1小时均值)：苯为 0.11mg/m^3；甲苯为 0.20mg/m^3；二甲苯为 0.20mg/m^3。

4. 氨　为无色气体，有强烈的刺激性臭味，易溶于水、乙醇和乙醚，水溶液呈弱碱性。氨是室内空气污染物之一，其污染来源主要有两个方面。一是在建筑施工中，常向混凝土里添加高碱混凝土膨胀剂和含尿素的混凝土防冻剂等外加剂，以防止混凝土冬季施工时被冻裂。这些含有大量氨类物质的外加剂在墙体中随着湿度降低、温度升高等环境因素的变化以氨气形式从墙体中缓慢释放出来，导致室内空气中的氨浓度大量增加，污染室内空气。二是在室内装修装饰、生活垃圾变质腐败时，都可能有氨气释放出来，从而造成室内空气污染。

氨主要通过呼吸道进入人体，氨浓度较高时，也可通过皮肤进入。由于氨易溶于水，所以对眼、口、鼻黏膜及上呼吸道有强烈的刺激作用，降低人体对疾病的抵抗力。长期接触低浓度的氨，可使鼻咽部、呼吸道黏膜充血、水肿；高浓度的氨可损伤肺泡毛细血管壁，引起支气管炎和肺炎；过高浓度的氨可使中枢神经系统兴奋性增强，产生痉挛等症状；严重中毒者可出现呼吸抑制、肺水肿昏迷和休克，甚至引起心脏停搏和呼吸停止。

(三) 水体化学污染

水是生命之源，是人类生存必需的自然资源，是维持人类生存和保证社会经济发展最基本的物质条件之一。水资源严重缺乏已成为当前最突出的全球性环境问题之一。缺水问题，除了地球降水分布不均衡外，广泛存在的水环境污染、生态环境受到破坏、浪费和不合理用水等也是重要原因。因此，合理利用和保护水资源已经成为一项全球性战略。

水体是地面水(河流、湖泊、沼泽、水库)、地下水和海水的总称。

水体因某种物质的介入而导致其物理、化学、生物或放射性等特性的改变，从而影响水的有效利用，危害人体健康或破坏生态环境，造成水质恶化的现象称为水污染。水体污染按性质分为化学性、物理性和生物性污染三种类型。下面介绍几种主要的水体化学污染。

1. 酸、碱、盐等无机物污染　水体中酸、碱、盐等无机物的污染，主要来自冶金、化学纤维、造纸、印染、炼油、农药、化肥等工业废水及酸雨。水体的pH小于6.5或大于8.5时，都会使水生生物受到不良影响，严重时可造成鱼虾大批死亡。水体含盐量增高，影响水质应用。

2. 重金属污染　环境科学领域，对环境污染毒性严重的重金属，主要指汞、铅、镉、铬和砷五种。重金属污染主要来源于工业生产的废渣、废水和废气，"三废"中的重金属进入水体后不能被微生物降解，经食物链的富集作用，能逐级在较高级生物体内蓄积，最后进入人体，危害人体健康。

3. 耗氧物质污染　生活污水、食品加工和造纸等生产、生活废水，含有大量糖类、蛋白质、油脂、木质素等有机物质，其进入水体后经过微生物的分解作用，会消耗水中大量氧气，造成水体缺氧、有机物腐败，甚至形成黑臭水体，严重破坏水体环境，污染空气，影响水体经济发展。

4. 植物营养物质污染　含有氮、磷的生活污水、工业废水和农田流失水，排入水体后，为水中微生物和藻类提供了营养，使得蓝绿藻和红藻迅速生长，使水体中溶解氧被大量消耗，导致鱼、虾等水生生物缺氧而死亡，水质恶化。这种由于水中植物营养物质过多蓄积而引起的污染，称为水体的"富营养化"。这种现象在海湾出现则称为"赤潮"。

5. 难降解有机物污染　芳香胺、多环芳烃、有机氯农药等有机物，化学性质稳定、难分解，被称为难降解有机物。这类难降解有机物，主要来源于焦化、染料、塑料、农药等工业生产产生的废水，若污染了水体，则造成水体持久性危害，并会导致水中生物发生"三致"效应。

6. 油污染　主要是海洋采油和轮船航运事故造成的污染，其危害影响水质，破坏海洋环境，危害海洋生物。

（四）"白色污染"

1. "白色污染"的概念　"白色污染"是指废弃在环境中的，通常为白色的废塑料包装物、废农膜等塑料制品造成的"视觉污染"和对自然环境的破坏。

2. "白色污染"的危害

(1) 视觉危害：指散落在环境中的各种塑料废弃物对市容、景观的破坏，给人们的视觉与情绪带来不良刺激，影响周围环境。

(2) 潜在危害：指塑料废弃物进入自然环境后难以降解而带来的长期的、深层次生态环境问题。这种"潜在危害"是多方面的，其主要表现为：①用一次性发泡塑料饭盒和塑料袋盛装食物，将影响人们的身体健康；②使土壤环境恶化，严重影响农作物的生长；③填埋作业是我国处理城市垃圾的主要方法，但存在污染地下水的隐患；④将废塑料进行焚烧处理，将造成环境二次污染，甚至会破坏臭氧层。

第2节　保护生存环境

一、污染的防护与处理

（一）大气化学污染的防护与处理

大气的污染程度受到能源结构、工业布局、交通管理、人口密度、地形、气象和植被等自然因素和社会因素的影响。治理大气污染必须坚持综合防治的原则，从污染的源头开始控制并实行全程监控。大气化学污染防护与处理，应采取以下措施。

1. 减少化石燃料污染　能源是人类社会和经济发展的基本条件，煤炭、石油和天然气并称世界能源的三大支柱。煤等化石燃料燃烧时，产生的 CO 等气体及燃烧时产生的固体颗粒物等随烟气排入空气，是造成大气污染的重要原因之一。为了减少煤燃烧对大气造成的污染，目前采取的主要措施有：①改善燃煤质量，如推行煤炭的洗选加工，降低煤的含硫量和含灰量，限制高硫分、高灰分煤炭的开采；②改进燃烧装置、燃烧技术、排烟设备等；③开展煤的综合利用，如第 6 章中提到的煤的干馏、气化、液化等；④大力发展清洁能源，如天然气、风能、水能、太阳能、地热等优质、高效、洁净的能源。

2. 控制机动车尾气污染　汽车等机动车排出的尾气是造成大气污染的另一个重要原因，占相应大气污染物排出总量的 40%～50%。因此，减少汽车等机动车尾气污染是改善大气质量的重要环节。一是推广使用无铅汽油，减少铅污染。铅对人体许多系统都有损害，特别是神经系统；二是在汽车尾气系统中安装催化转化器，降低尾气中有害气体向大气的排放量；三是大力推广新能源汽车。

3. 清洁生产与污染末端治理　对钢铁、水泥、化工、石化、有色金属冶炼等重点行业实施清洁生产技术改造，加强污染物排放指标有偿使用，加大大气污染物指标监测，提高污染物排放处罚力度，加快新旧动能转换。

对已经造成的大气污染，进行末端治理，如对烟尘，可采用过滤、静电、湿式等除尘技术；用煤作燃料的生产企业，必须进行煤脱硫技术改造，减少二氧化硫排放。产生的氮氧化物，用化学法进行消除处理。

(二) 室内化学污染的防护与处理

室内化学污染的防护与处理有多种方法，要根据污染物的状态、性质、室内环境和条件等，做出合理的选择。

1. 控制污染源　只有减少和消除室内污染源，才能减少室内空气中化学污染物的释放，这是改善室内空气质量最有效的途径。倡导绿色装修理念，以最大限度减少室内空气污染。

2. 加强通风换气　消除室内化学污染物最安全的方法就是通风换气。一般而言，新风量越大，对人的健康越有利。

3. 使用空气净化器　使用空气净化器是改善室内空气质量，营造健康舒适的工作、生活环境十分有效的方法。同时，也可以利用绿色植物对居室的污染空气进行净化，既美化了环境，又减少或消除了化学污染，是一种两全其美的选择。

知识链接　　　　　　　植物的"本领"

绿色植物不仅能吸收二氧化碳制造氧气，而且具有吸收有害气体、吸附尘粒、净化空气等多方面的综合效果。例如，叶兰、龟背竹可以清除空气中的有害物质，虎尾兰、吊兰、芦荟可以吸收室内的甲醛等有害气体；米兰、蜡梅等能有效地清除空气中的二氧化硫、一氧化碳等有害气体；常春藤、铁树能有效地吸收室内的苯。玫瑰、桂花、紫罗兰、茉莉、石竹等花卉气味中的挥发性油类物质还具有显著的杀菌作用。仙人掌类植物可以吸收室内的二氧化碳，制造氧气，同时使室内空气中的负离子浓度增加。

(三) 水体化学污染防护与处理

严格依法依规加强水体保护，是防治水体污染的根本保障。大力推进"清洁生产"和"节能减排"，从末端治理转为源头防护，是防治水体污染的最有效手段。

1. 减少和消除污染废水排放　加大对工业废水和生活污水的处理，是防治水体污染、改善水质的根本措施。例如，重复利用废水，回收废水中的有用成分，减少废水的排放量；采用革新工艺，降低废水中污染物的浓度；加强污水处理，使污水达到国家规定的标准以后再排放；加强对水体及污染源的监测和管理等。

处理污水的方法很多，一般可归纳为物理法、生物法和化学法等，污水处理分为一、二、三级，一般根据水质状况和处理后水的去向来确定污水处理程度。一级处理通常采用物理方法，即用格栅间、沉淀池等除去污水中不溶解的污染物。经一级处理后的水一般达不到排放标准，所以通常作为预处理。二级处理采用生物方法(又称微生物法)及某些化学方法，除去水中的可降解有机物和部分胶体污染物。经二级处理后的水一般可达到农灌标准和废水排放标准。三级处理主要采用化学沉淀法、氧化还原法、离子交换法和反渗透法等，对污水进行深度处理和净化。经三级处理后的水可作为绿化用水和景观用水。

2. 污水处理中的主要化学方法及其原理

(1) 混凝法：废水中的某些污染物常以细小悬浮颗粒的形式存在，很难用自然沉降法除去。如果向污水中加入混凝剂，就会使细小的悬浮颗粒聚集成较大的颗粒而沉淀，与水分离，从而除去水中的悬浮物。常用的混凝剂有明矾、聚羟基氯化铝及有机高分子混凝剂如聚丙烯酰胺等。

(2) 中和法：对于酸性废水和碱性废水，可以采用中和法进行处理。一般用中和剂如熟石灰来中和钢铁厂、电镀厂产生的酸性废水，用硫酸或 CO_2 来中和碱性废水。

(3) 沉淀法：利用某些化学物质作沉淀剂与废水中的污染物(主要是重金属离子)发生化学反应，生成难溶于水的沉淀析出，从而将废水中的污染物除去。

应当说明的是，各种方法都有其特点和适用范围，实际处理中往往需要配合使用才能达到处理要求。

(四) "白色污染"的防护与处理

《中华人民共和国固体废物污染环境防治法》明确规定，对固体废物治理实行"减量化、无害化、资源化"三化原则，治理"白色污染"由"末端治理"转变为"始端控制"。如何治理"白色污染"呢？

1. 研制可降解的塑料 科研人员针对塑料难以分解、腐烂的特点，从改进塑料的配方和生产工艺入手，研制成功了一些在环境中可降解的塑料。例如，以乙烯和 CO 为原料制成聚乙烯光降解塑料，以纤维素和淀粉为原料制成微生物降解塑料等。这些塑料在一定条件下，经过一定时间会降解为小分子或被微生物分解。但是，由于可降解塑料的成本较高，大面积地使用可降解塑料还需要相当长的时间。因此，目前预防和治理"白色污染"，主要还应从减少使用、加强回收和再利用开始。

2. 回收和再利用 回收和再利用不仅可以减少废弃塑料的数量，而且可节约石油资源。但不同种类的塑料再利用的途径是不同的。例如，热塑性塑料像聚乙烯、聚丙烯等，可以分类、清洗后再加热熔融，使其重新成为制品；而热固性塑料主要是把它粉碎后加入黏合剂作为加热成型产品的填料。除了将废弃塑料直接用作材料外，还可以采用化学方法把废弃塑料转化为有用的物质进行回收利用。例如，在无氧条件下，把塑料加热到 700℃以上进行热裂解，生成简单的小分子如乙烯、丙烯和苯等，然后再通过分馏将这些碳氢化合物分离，便可作为燃料或制造塑料的原料等。此外，把废弃塑料和其他垃圾一起燃烧，可回收热能用于加热或发电等，但会造成空气污染。

二、增强环境保护意识

环境是我们赖以生存的家园，环境状况直接或间接地影响着我们的生活。随着社会的发展和科技的进步，人民的生活水平得到了很大提高。化学在为人类创造财富的同时，给人类的生产环境也带来了危害。传统的化学工业给环境造成了危害，并威胁着人类的生存。严峻的现实使得各国必须寻找一条不破坏环境、不危害人类生存的可持续发展的道路。发展绿色化学，保护生存环境，珍爱生命，成为全人类共同的目标和心声。

(一) 绿色化学

绿色化学又称环境友好化学、环境无害化学、清洁化学，是用化学的技术和方法去减少或消除有害物质的生产和使用。绿色化学的核心是：利用化学原理从源头上减少和消除工业生产对环境的污染。简单而言，化学反应就是原子重新组合的过程。因此，按照绿色化学的原则，最理想的"原子经济"就是反应物的原子全部转化为期望的最终产物,这时原子利用率(原子利用率=期望产物的总质量与反应物的总质量之比)为100%。

绿色化学的主要特点:充分利用资源和能源,采用无毒、无害的原料;在无毒、无害的条件下进行反应,以减少废物向环境排放;提高原子的利用率,力图使所有作为原料的原子都被产品所消纳,实现"零排放";生产出有利于环境保护、社区安全和人体健康的环境友好的产品(图9-1)。

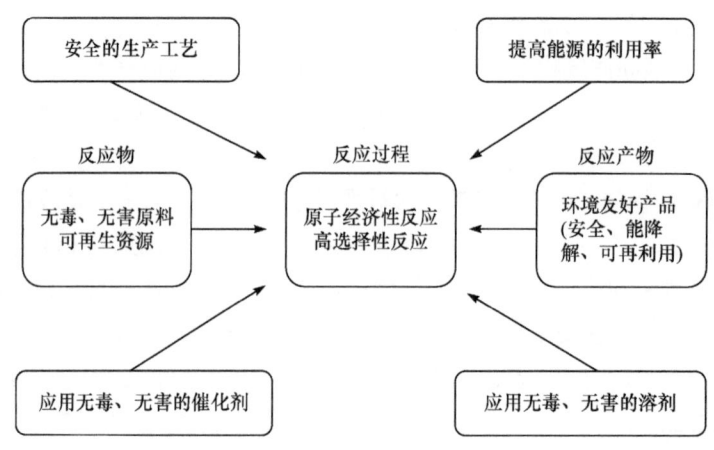

图9-1 绿色化学示意图

绿色化学的最大特点是在始端就采用预防污染的科学手段,因而过程和终端均为零排放或零污染。世界上很多国家已把"化学的绿色化"作为21世纪化学发展的主要方向之一。

(二) 增强环境保护意识

环境的好坏,直接关系着人类的生存与兴衰。保护环境,已成为人类紧迫和重要的任务。绿色化学应运而生,改变着人们已有的环保观念,将指引人类从根本上消除污染、实现社会自然的和谐,指引人类走进绿色生活。

增强环境保护意识,要从自身做起。一要节约用水,保护水资源。水是万物之母,正是由于水的存在,地球才生机勃勃。我们要从生活中的点点滴滴入手,从自身做起,从身边做起,真正做到节约用水,保护水资源。二要巧用丢弃物,变废为宝。利用那些没有毒害作用的纸盒、塑料杯、纸板、散布等废物,将它们分类整合,懂得节约,懂得循环理念,培养自身保护环境的情感和行为。三要养成自觉保护环境的意识。

保护环境就如同珍爱生命,只有我们大家自觉提高环保意识,每个人主动加入环保行列,积极行动起来,才能让我们的家园变得更加美好,人们才能拥有健康的体魄,享受美好的幸福生活。

【课堂互动】

1. 说出环境、环境污染、"白色污染"的概念。
2. 说出大气污染物 SO_2、NO_x 的主要来源,室内污染物甲醛的主要来源及危害。

3. 说出大气化学污染、室内化学污染的防护和处理措施。

本章小结

一、环境、环境污染

类别	知识点	知识内容
环境	分类	按环境形成：自然环境、人工环境 按是否受过人类活动影响：原生环境、次生环境 按环境的功能：生活环境、生态环境
环境污染	分类	按污染物属性：化学性、生物性和物理性污染物 按污染物形成过程：一次污染物和二次污染物
	危害	急性危害、慢性危害、远期危害

二、化学污染

知识点	主要污染物
大气化学污染	主要污染物为 SO_2、颗粒物、NO_x、CO_2、Pb
室内化学污染	主要污染物为甲醛、SO_2、苯和苯系物、氨
水体化学污染	主要污染物种类有酸碱盐等无机物、重金属、耗氧物质、植物营养物质、难降解有机物、油
"白色污染"	主要污染物为废塑料包装物、废农膜等塑料制品 主要危害有视觉危害、潜在危害

三、化学污染的防护和处理

知识点	防护和处理
大气化学污染	1. 减少化石燃料污染 2. 控制机动车尾气污染 3. 清洁生产与污染末端治理
室内化学污染	1. 控制污染源 2. 加强通风换气 3. 使用空气净化器
水体化学污染	1. 减少和消除污染废水排放 2. 污水处理中的主要化学方法及其原理 (1) 混凝法；(2) 中和法；(3) 沉淀法
"白色污染"	1. 研制可降解的塑料 2. 回收再利用

四、绿色化学与增强环境保护意识

知识点	知识内容
绿色化学	1. 绿色化学又称环境友好化学、环境无害化学、清洁化学，是用化学的技术和方法去减少或消除有害物质的生产和使用 2. 绿色化学的核心：利用化学原理从源头上减少和消除工业生产对环境的污染，保护环境就如同珍爱生命
增强环境保护意识	

自测题

一、名词解释

1. 环境
2. 环境污染
3. 化学污染
4. "白色污染"

二、填空题

1. 人类环境，按照是否受过人类活动影响，可分为_____和_____。
2. 环境污染，按污染物属性分类，分为_____、_____、_____。
3. 室内化学污染，主要的污染物有甲醛、_____、_____和氡。
4. 水体污染，按属性分为_____、物理性和生物性污染三种类型。
5. "白色污染"的危害，一般分为_____和_____。

三、单选题

1. 环境是一个复杂系统，一般按照环境的功能可分为生活环境和（　　）
   A. 自然环境　　B. 生态环境
   C. 次生环境　　D. 人工环境
2. 室内化学污染物中，污染最普遍，被世界卫生组织已经确定为致癌和致畸性物质的是（　　）
   A. CO　B. CO_2　C. Pb　D. 甲醛
3. 水体重金属污染，是对人类危害最严重的污染之一，下列哪种金属属于重金属污染种类（　　）
   A. 钙　　B. 铅　　C. 锶　　D. 铝

(司　毅)

实 验 指 导

实验一　化学实验基本操作

【实验目的】
1. 了解并严格遵守化学实验室的规则和要求。
2. 认识常用玻璃器皿并学会洗涤方法和正确使用方法。
3. 学习固体和液体试剂的取用，掌握用试管进行加热的方法。

【仪器与试剂】　酒精灯、广口瓶、细口瓶、试管、试管夹、药匙、火柴、试管刷、量筒、万分之一分析天平、胶头滴管、称量纸。

【实验内容】

（一）酒精灯的使用

酒精灯是化学实验中最常用的加热工具。由于酒精易挥发、易燃烧，所以在使用酒精灯时，要特别注意安全，严格操作(实验图 1-1)。

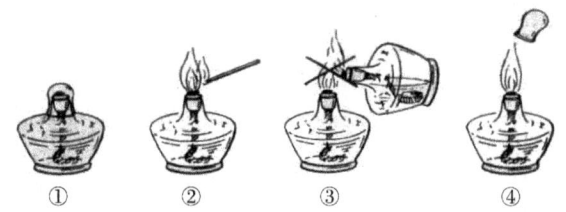

实验图 1-1　酒精灯的使用
①酒精灯；②正确点燃方式；③错误点燃方式；④熄灭酒精灯的方法

（二）玻璃仪器的洗涤

要取得实验的预期效果，必须把仪器冲洗干净。每做完一次实验，须立即把仪器冲洗干净，否则某些物质会黏附在仪器内壁上，不易洗掉，影响下次实验的效果。用过的塞子和导管等也应冲洗干净。清洗仪器时，可以使用肥皂、合成洗涤剂或去污粉。洗涤后的玻璃仪器内外壁上应没有水珠附着，再用少量蒸馏水多次冲洗后，才能作为干净仪器。确系无法洗净时，可交予实验室管理员统一处理。

（三）药品的处理

1. 不要用裸手直接接触药品。严禁品尝药品的味道!不要直接嗅闻药品的气味，应用手扇闻，使少量气体飘入鼻内(实验图 1-2)。

实验图 1-2　闻气味方法

2. 取用一定体积溶液时，要用量筒或移液管。读取量筒或移液管的数据时，视线应和液体凹液面在同一水平线上。

3. 取少量溶液时，要用滴瓶上所附的滴管或用单独的干净滴管。不要使药液进入滴管上的胶帽内，以免污染药液、损坏胶帽。用滴管向容器或试管中滴加药液时，应垂直滴落，不能使滴管碰触在容器或试管壁上。

(四) 常用化学仪器及使用方法

1. 能直接加热的仪器(实验表 1-1)

实验表 1-1　能直接加热的仪器

仪器图形与名称	主要用途	使用方法和注意事项
蒸发皿	用于蒸发溶剂或浓缩溶液	可直接加热，但不能骤冷。蒸发溶液时液面应距边缘不少于1cm，不可加得太满(液体量不超过容积的2/3)
试管	常用作反应器，也可用于收集少量气体	可直接加热，加热时物体不超过试管容积的 1/3。加热时要用试管夹，使试管与桌面成 45°角，并且试管口向上，对液体先全部均匀加热，然后在液体底部加热，并不断摇动。给固体加热时，试管要横放，管口略向下倾。试管口不要对着别人或自己，以免由于操作不当时，试管内高温试剂冲出造成人身伤害
坩埚、坩埚钳	用于灼烧固体，使其反应(如分解)	可直接加热至高温。灼烧时应放于泥三角上，应用坩埚钳夹取。应避免骤冷
燃烧匙	燃烧少量固体物质	可直接用于加热，遇能与 Cu、Fe 反应的物质时，要在匙内铺细沙或垫石棉网

2. 能间接加热的仪器(需垫石棉网)(实验表 1-2)

实验表 1-2　能间接加热的仪器

仪器图形与名称	主要用途	使用方法和注意事项
烧杯 (分为 50ml、100ml、250ml、500ml、1000ml 等规格)	用作配制、浓缩、稀释溶液，也可作为反应器或用于水浴加热等	加热时应垫石棉网。根据液体体积选用不同规格烧杯
平底烧瓶	用作反应器(特别是不需加热时)	不能直接加热，加热时要垫石棉网。不适于长时间加热，当瓶内液体过少时，加热容易使之破裂

续表

仪器图形与名称	主要用途	使用方法和注意事项
 圆底烧瓶	用作在加热条件下进行的反应器	不能直接加热,加热时应垫石棉网。所装液体的量不应超过其容积的 1/2
 蒸馏烧瓶	用于蒸馏与分馏,也可用作气体发生器	加热时要垫石棉网 也可用热浴加热
 锥形瓶	用作接收器 用作反应器,常用于滴定操作	一般放在石棉网上加热 在滴定操作中液体不易溅出

3. 不能加热的仪器(实验表 1-3)

实验表 1-3　不能加热的仪器

仪器图形与名称	主要用途	使用方法和注意事项
玻璃片 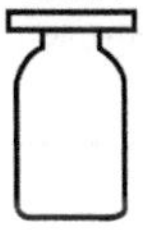 集气瓶	用于收集和储存少量气体	上口为平面磨砂,内侧不磨砂。玻璃片要涂凡士林,以免漏气。如果在其中进行燃烧反应且有固体生成时,应在底部加少量水或细沙
 滴瓶 　细口瓶  广口瓶	分装各种试剂,需要避光保存时用棕色瓶。广口瓶盛放固体,细口瓶盛放液体	瓶口内侧磨砂,且与瓶塞一一对应,切不可盖错。使用玻璃塞的瓶不可盛放强碱,滴瓶内不可久置强氧化剂等
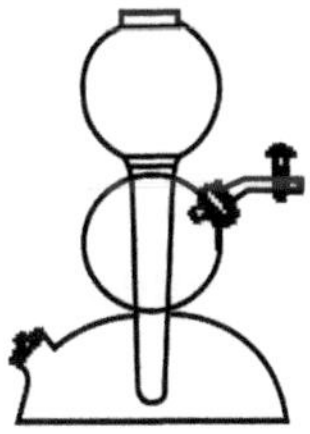 启普发生器	制取某些气体的反应器 固体+液体 $\xrightarrow{\text{不需加热}}$ 气体	固体为块状,气体溶解性小,反应无大量热量放出。旋转导气管活塞控制反应进行或停止

4. 计量仪器(实验表 1-4)

实验表 1-4　计量仪器

仪器图形与名称	主要用途	使用方法和注意事项
量筒	用于粗略量取液体的体积	要根据所要量取液体的体积，选择大小合适的规格，以减少误差。不能用作反应器，不能直接在其内配制溶液
刻度线　容量瓶 (分为 50ml、100ml、250ml、500ml、1000ml 等规格)	用于准确配制一定物质的量浓度的溶液	不作反应器，不可加热，瓶塞不可互换，不宜存放溶液，要在所标记的温度下使用
量气装置	用于量取产生气体的体积	注意：所量气体为水不溶性的，进出气管不能接反，应短进长出
万分之一分析天平	用于精确称量	1. 应避免光线直接照射到天平上 2. 称量时应从侧门取放物质，读数时应关闭箱门以免空气流动引起天平摆动 3. 电子分析天平若长时间不使用，则应定时通电预热，每周一次，每次预热 2 小时，以确保仪器始终处于良好使用状态 4. 天平箱内应放置干燥剂(如硅胶) 5. 挥发性、腐蚀性、强酸强碱类物质应盛于带盖称量瓶内称量，防止腐蚀天平
碱式滴定管　酸式滴定管	用于中和滴定(也可用于其他滴定)实验，也可准确量取液体体积	酸式滴定管不可以盛装碱性溶液，强氧化剂(如 $KMnO_4$ 溶液、I_2 溶液等)应盛装于酸式滴定管，"0.00"刻度在上方，可精确到 0.01ml
胶头滴管	用于吸取或滴加液体，可定数地操作	必须专用，不可一支多用，滴加时不能与其他容器接触
温度计	用于测量温度	加热时不可超过其最大量程，不可当搅拌器使用，注意测量温度时水银球的位置

5. 用作过滤、分离、注入溶液仪器(实验表 1-5)

实验表 1-5　用作过滤分离注入溶液仪器

仪器图形与名称	主要用途	使用方法和注意事项
漏斗	用作过滤或向小口容器中注入液体	过滤时，应"一贴、二低、三靠"
长颈漏斗	用于装配反应器，便于注入反应液	应将长管末端插入液面下，防止气体逸出
分液漏斗	分离密度不同且互不相溶的液体；可作为反应器的随时加液装置	分液时，下层液体从下口放出，上层液体从上口倒出；不宜盛碱性液体

6. 其他仪器(实验表 1-6)

实验表 1-6　其他常用仪器

仪器图形与名称	主要用途	使用方法和注意事项
酒精灯	用作热源，火焰温度为 500~600℃	所装酒精量不能超过其容积的 2/3，但也不能少于 1/4。加热时要用外焰。熄灭时要用帽盖灭，不能吹灭
酒精喷灯	用作热源，火焰温度可达 1000℃	需加强热的实验用此设备加热，如煤的干馏、碳还原氧化铜
表面皿	可用作蒸发皿或烧杯的盖子，可观察到里面的情况	不能加热
试管刷	清洗试管、烧杯等玻璃仪器	小心试管刷顶端的铁丝撞破试管底

【思考】
1. 使用酒精灯时应注意什么?
2. 用试管进行加热时应注意什么?
3. 玻璃器皿洗净的标准是什么?

(项　岚)

实验二　粗盐的提纯

【实验目的】
1. 掌握溶解、过滤、蒸发等基本操作。
2. 理解物质分离及提纯操作的原理和方法。
3. 体验科学探究的过程，学习运用以实验为基础的实证研究方法。
4. 让学生感受化学学习的趣味，乐于学习化学。

【实验原理】
1. 除去粗盐固体中的不溶性杂质，必须要进行的实验操作依次是：①溶解；②过滤；③蒸发。
2. 过滤器的制作方法是将一张滤纸对折两次，打开呈圆锥形，把其尖端朝下放入漏斗。过滤操作时应做到"一贴、二低、三靠"。
3. 用化学方法除去杂质的原则是不增、不减、易分离、易复原。

【仪器与试剂】
仪器：量筒、烧杯、玻璃棒、药匙、漏斗、铁架台(带铁圈)、蒸发皿、酒精灯、坩埚钳、胶头滴管、滤纸、剪刀、火柴。
试剂：粗盐(含有少量 $MgCl_2$、$CaCl_2$ 及一些不溶性杂质)、蒸馏水、氢氧化钠溶液、碳酸钠溶液、稀盐酸。

【实验内容】 （实验图 2-1）

1. 溶解　把 3.5g 粗盐倒入烧杯，逐渐向烧杯里加蒸馏水(约 10ml)，并用玻璃棒不断搅拌，直至粗盐全部溶解。

2. 除杂(除去 $MgCl_2$、$CaCl_2$)　向溶液中加入过量氢氧化钠溶液，有氢氧化镁沉淀生成；再向溶液中加入过量碳酸钠溶液，有碳酸钙沉淀生成。

3. 过滤　用滤纸和漏斗制一个过滤器。将烧杯中的液体沿玻璃棒倒入过滤器，进行过滤。若滤液仍混浊，应再过滤一次。

4. 除去过量的氢氧化钠、碳酸钠　向滤液中加入适量的稀盐酸，并调节溶液的 pH。

5. 蒸发　将蒸发皿放到铁架台的铁圈上，把滤液倒入蒸发皿中，用酒精灯加热，并用玻璃棒不断搅拌液体，出现较多固体时停止加热。

溶解

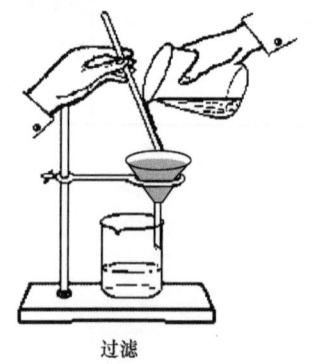
过滤

蒸发

实验图 2-1　粗盐提纯

【思考】
1. 为什么溶解粗盐时要选择约 10ml 蒸馏水呢?
2. 如果粗盐中含有硫酸钠,如何除去呢?
3. 蒸发过程中,要用玻璃棒不断搅拌液体,玻璃棒的作用是什么?

(项　岚)

实验三　元素周期表中元素性质的递变规律

【实验目的】
1. 学会利用化学实验证明物质结构与性质之间的关系。
2. 巩固对同周期、同主族元素性质的递变规律的认识。

【实验原理】
1. 同周期元素性质的递变　同周期元素随原子序数的递增,金属性逐渐减弱,非金属性逐渐增强。可以依据金属单质与水反应、与酸反应的难易来验证。

2. 同主族元素性质的递变　同主族元素随电子层数的递增,金属性逐渐增强,非金属性逐渐减弱。可以通过第一主族金属单质与水反应难易,验证金属性强弱;通过第ⅦA 主族活泼的卤素单质能够把不活泼卤素单质从它们的金属卤化物中置换出来,验证非金属性的强弱。

【仪器与试剂】
仪器:试管、烧杯、酒精灯、砂纸、镊子、滤纸、玻璃片。
试剂:溴水、新制氯水、酚酞溶液、镁条、铝片、金属钠、金属钾、NaCl(固)、NaBr(固)、NaI(固)、1mol/L 盐酸。

【实验内容】
1. 同周期元素性质的递变
(1) 取一只 100ml 烧杯,加入 30ml 水。用镊子夹取一块绿豆粒大小的金属钠,用滤纸吸干其表面的煤油,小心放入烧杯中,盖上玻璃片,仔细观察烧杯中钠与水反应的现象。反应完毕,再往烧杯中滴加 2 滴酚酞试剂,观察溶液颜色的变化,写出反应方程式。

另取一支试管加水约 2ml。取一段镁条,用砂纸擦去表面氧化膜,放入试管中,观察现象。若反应缓慢,可在酒精灯上加热试管,观察反应现象。再往试管中滴加 2 滴酚酞试液,观察现象。

(2) 取一小片铝和一小块镁,用砂纸擦去表面的氧化膜,分别投入盛有 2ml 1mol/L 盐酸的两支试管中,观察现象。

比较钠、镁、铝的金属活泼性。

2. 同主族元素性质的递变
(1) 在两只烧杯中各放入 20ml 水,然后用镊子各取绿豆大小的钠、钾,用滤纸吸干表面的煤油,分别投入两只烧杯中,观察现象。反应完毕后,分别向两只烧杯中滴入几滴酚酞试液,观察溶液的颜色变化。

比较钠、钾两种金属的活泼性。

(2) 取 a、b、c 三支试管,分别加入少量氯化钠、溴化钠、碘化钠晶体,并各加入少量蒸馏水溶解。然后分别加入 1ml 氯水，观察现象，写出发生变化的化学方程式。

(3) 另取 d、e、f 三支试管，分别加入(2)项中的试剂，改用溴水代替氯水，做相同的实验。观察现象，写出发生变化的化学方程式。

比较氯、溴、碘的非金属活泼性。

【思考】
1. 同周期元素性质递变规律与其原子结构有什么关系？
2. 同主族元素性质递变规律与其原子结构有什么关系？

(王宙清)

实验四　氯气的实验室制法和性质检验

【实验目的】
1. 掌握氯气的实验室制取原理和操作方法。
2. 了解氯气的物理和化学性质。
3. 掌握卤离子的鉴别方法。

【实验原理】
1. 氯气的实验室制取　实验室中常利用浓盐酸与二氧化锰反应来制取氯气。实验室里也可以用高锰酸钾和浓盐酸反应制取氯气。

2. 氯气的性质　氯气是化学性质很活泼的非金属单质，具有较强的氧化性，氯气在一定条件下几乎能与所有的金属直接化合，生成金属卤化物。

氯气溶解于水，少部分与水缓慢反应，生成盐酸和次氯酸。

氯气与碱反应，生成次氯酸盐、金属卤化物和水。

3. 卤离子的鉴别　利用硝酸银与卤离子反应都有沉淀生成，但沉淀颜色不相同，再加稀硝酸后生成的沉淀不溶解。

【仪器与试剂】
仪器：试管、烧杯、圆底烧瓶、分液漏斗、试管、量筒、酒精灯、玻璃棒、试管夹、铁架台、火柴、坩埚钳、导管。

试剂：MnO_2、浓盐酸、1mol/L NaBr 溶液、1mol/L KI 溶液、1mol/L NaCl 溶液、1mol/L Na_2CO_3 溶液、0.1mol/L $AgNO_3$ 溶液、铜丝、0.1mol/L NaOH 溶液、1%CCl_4 溶液、0.5%淀粉溶液、有色布条、0.1mol/L 稀硝酸。

【实验内容】
(一) 氯气的实验室制法
1. 连接好装置，检查气密性(图 3-1)。
2. 在烧瓶中加入 MnO_2 粉末，自分液漏斗中加入浓盐酸，再慢慢滴入烧瓶中，缓缓加热，加快反应，使气体均匀逸出。
3. 用向上排空气法收集氯气，尾气导入吸收剂中。

(二) 氯气的物理性质
在收集氯气的集气瓶中，观察其颜色。向盛有氯气的试管中滴入 10ml 的蒸馏水，观察氯气在水中的溶解性和氯水的颜色；再向试管中加入 10 滴 1% CCl_4 溶液，振荡，将试管静置于试管架上，观察水层和 CCl_4 层的颜色变化。

（三）氯气的化学性质

1. 与金属的反应 用坩埚钳夹住一束铜丝，在酒精灯上灼热后立即放入充满氯气的集气瓶，观察发生的现象。把少量水注入集气瓶里，用玻璃片盖住瓶口，振荡。观察实验现象，并写出有关化学反应方程式。

2. 与卤化物的置换反应

(1) 取试管 2 支，分别加入 NaBr 溶液、KI 溶液各 2ml，各滴入氯水 10 滴，观察溶液颜色变化。再分别向 2 支试管中加 CCl_4 溶液，观察颜色变化。说明现象原因，写出有关化学反应方程式。

(2) 取试管 2 支，分别加入 NaBr 溶液、KI 溶液各 2ml，各滴入溴水 10 滴，然后各滴入淀粉溶液 3 滴，观察溶液颜色有无变化。观察现象，解释原因，写出有关化学反应方程式。

3. 漂白性 取干燥和湿润的有色布条各 1 条，分别放入两个盛有氯气的集气瓶中。观察现象，解释原因，写出有关化学反应方程式。

（四）卤离子的鉴定

1. 取 2 支试管，分别加入 NaBr 溶液、KI 溶液各 2ml，再分别滴入几滴 $AgNO_3$ 溶液，观察现象。然后 2 支试管中分别加入几滴稀硝酸，观察沉淀是否溶解。写出有关化学反应方程式。

2. 取 2 支试管，分别加入 Na_2CO_3 溶液、NaCl 溶液各 2ml，再分别滴入几滴 $AgNO_3$ 溶液，观察现象。每支试管中滴加几滴稀硝酸，振荡。观察现象，解释原因，并写出有关化学反应方程式。

【思考】
1. 氯气有毒，实验室制取和进行性质检验时，应注意哪些事项？
2. 试解释氯气漂白的原理。

(窦君霞)

实验五 氮、硫及其重要化合物的性质

【实验目的】
1. 掌握硝酸的氧化性和浓硫酸的特性。
2. 掌握氨气的实验室制取原理和性质。
3. 学会硫酸根离子、氨及铵离子的检验操作。

【实验原理】

1. 氨气的制取、性质 铵盐都能跟强碱共热反应放出氨气。实验室常利用这个性质制取氨气，也可以用于检验铵离子的存在。如：

$$2NH_4Cl + Ca(OH)_2 \stackrel{\triangle}{=\!=\!=} CaCl_2 + 2H_2O + 2NH_3\uparrow$$

2. 硝酸和浓硫酸的特性检验 硝酸是一种强酸，除具有酸的通性外，还是一种强氧化剂，几乎能与所有金属(金、铂等少数金属除外)发生氧化还原反应。

浓硝酸和稀硝酸都能与铜发生反应。浓硝酸与铜反应剧烈，放出红棕色气体，稀硝酸与铜反应较缓慢，产生无色气体，在试管口无色气体变成红棕色。

浓硫酸具有强烈的吸水性、脱水性和强氧化性。

3. 硫酸根离子的检验 利用 $BaSO_4$ 既不溶于水也不溶于盐酸或稀硝酸的性质,来检验硫酸根离子的存在。

【仪器与试剂】

仪器:试管、圆底烧瓶、烧杯、量筒、酒精灯、玻璃棒、试管夹、铁架台、点滴板、镊子、火柴、胶头滴管、瓶塞、导气管、棉花。

试剂:浓硫酸、浓盐酸、盐酸(6mol/L)、浓氨水、$CuSO_4 \cdot 5H_2O$、铜片、0.1mol/L $BaCl_2$ 溶液、0.1mol/L Na_2CO_3 溶液、0.1mol/L Na_2SO_4 溶液、0.1mol/L NaOH 溶液、氯化铵、熟石灰、硫酸铵、硝酸铵、白糖、铜丝、蒸馏水、浓硝酸、0.5mol/L 稀硝酸、红色石蕊试纸。

【实验内容】

(一) 硝酸的氧化性

取 2 支试管,分别加入等体积的浓硝酸和稀硝酸,再分别在 2 支试管中投入同样大小的铜片,观察反应现象。解释上述现象发生的原因,并写出有关化学反应方程式。

(二) 浓硫酸的特性

1. 浓硫酸的稀释 取试管 1 支,加入蒸馏水 5ml,然后小心沿试管内壁滴加浓硫酸 1ml。轻轻振荡后,用手触摸试管外壁,有何体会?所得稀硫酸留用。

2. 浓硫酸的吸水性和脱水性 在一个白色点滴板的孔穴处分别放入木火柴梗、少许白糖、少量 $CuSO_4 \cdot 5H_2O$,然后分别向上述物品上滴加几滴浓硫酸。观察现象。

3. 浓硫酸的氧化性 取一小块铜片放入试管,然后加入 2ml 浓硫酸,并在试管中放一条湿润的蓝色石蕊试纸(注意不要触及试管),然后用酒精灯给试管加热。观察现象。待试管冷却后,将试管内液体倒入盛有 5ml 蒸馏水的另外一支试管中。观察现象,解释原因,并写出有关化学反应方程式。

4. 硫酸根离子的检验 取 3 支试管,分别加入少量稀硫酸(前面留用)、Na_2SO_4 溶液、Na_2CO_3 溶液,然后分别滴加 $BaCl_2$ 溶液,观察现象。再各加入少量盐酸溶液,观察现象。解释现象原因,并写出有关化学方程式。

(三) 氨气的制备和性质

1. 实验室制取氨气 安装实验装置如实验图 5-1 所示,在试管的底部放适量的固体氯化铵和熟石灰,加热,用向下排空气法收集气体。收集时,导管要插入气体收集试管的管底,且管口要塞一团棉花,用润湿的红色石蕊试纸放于瓶口。

2. 氨气的性质及反应

(1) 碱性性质:取试管 1 支,加入浓氨水,然后在试管口分别用湿润的红色石蕊试纸和干燥的红色石蕊试纸检查。观察试纸颜色变化,解释原因。

(2) 与浓盐酸的反应:取 2 支玻璃棒,分别蘸取浓氨水和浓盐酸,然后将玻璃棒轻轻靠近(注意不要接触)。观察现象,解释原因。

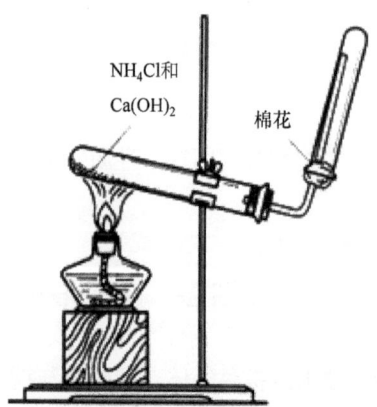

实验图 5-1 氨气的实验室制取

(四) 铵离子检验

取 3 支试管，分别加入少许氯化铵、硝酸铵、硫酸铵晶体，各加入 1ml 水，再分别加入 NaOH 溶液 2ml，分别在酒精灯上加热，并在试管上用湿润的红色石蕊试纸检验所产生的气体。观察试纸颜色变化，解释变化原因，并写出有关化学反应方程式。

【思考】
1. 实验室如何保存浓硝酸？
2. 使用浓硫酸时，应注意哪些事项？

(窦君霞)

实验六 常见金属及其重要化合物的性质

【实验目的】
1. 通过焰色反应实验鉴别 Na^+、Ca^{2+}。
2. 学会实验室中氢氧化铝的制备方法，掌握验证氢氧化铝具有两性的实验操作。
3. 通过实验掌握铁及其化合物的性质。
4. 能熟练地进行 Fe^{3+} 的检验。

【实验原理】
1. 许多金属或它们的化合物都能发生焰色反应，焰色反应可用于检验某些金属单质或金属离子的存在。
2. 铝及铝的氧化物、氢氧化物都具有两性，既能与酸反应，又能与碱反应。
3. 铁与稀酸反应生成氢气；能把铜等不如铁活泼的金属从其盐中置换出来。亚铁离子与碱生成的白色絮状氢氧化亚铁沉淀，逐渐被空气中的氧气氧化变为红棕色氢氧化铁沉淀。根据 Fe^{3+} 与 SCN^- 反应使溶液呈红色的性质，可用 KSCN 溶液检验 Fe^{3+} 的存在。

【仪器与试剂】
仪器：小烧杯、试管、试管架、试管夹、吸管、砂纸、镊子、药匙、火柴、铂金丝、酒精灯、酒精喷灯、蓝色钴玻璃片。

试剂：1mol/L 氢氧化钠溶液、浓盐酸、1mol/L 硫酸铝溶液、1mol/L 氨水、1mol/L 盐酸、1mol/L 硫酸铜溶液、1mol/L 氯化钠溶液、1mol/L 三氯化铁溶液、1mol/L 硫酸亚铁溶液、1mol/L 氯化钙溶液、1mol/L 硫氰酸钾溶液、1mol/L 硫酸。

【实验内容】
1. Na^+、Ca^{2+} 的焰色反应 取一根顶端弯成小圈的铂丝，蘸取浓盐酸在酒精灯上灼烧至无色，然后用铂丝蘸取 1mol/L 氯化钠溶液，在氧化焰中灼烧，透过蓝色钴玻璃片，观察火焰的颜色。

同样，用灼烧后的铂丝蘸取 1mol/L 氯化钙溶液在火焰上灼烧，观察火焰的颜色。

2. 氢氧化铝的制取和两性
(1) 制取氢氧化铝：在试管中加入 2ml 1mol/L 硫酸铝溶液，然后加入 2ml 1mol/L 氨水，观察实验现象。

(2) 氢氧化铝的两性：把(1)中制得的氢氧化铝沉淀分别装在 2 支试管中。在第 1 支试管中加入 2ml 1mol/L 氢氧化钠溶液；在第 2 支试管中加入 2ml 1mol/L 盐酸，观察 2 支试管内的实验现象。

3. 铁及其化合物的性质

(1) 铁与稀硫酸的反应：在试管中加入少量铁粉，滴加 2ml 1mol/L 硫酸，使其发生反应，观察实验现象。用试管收集生成的气体，并在酒精灯火焰上检验生成的气体。

(2) 硫酸亚铁与氢氧化钠的反应：在试管中加入 2ml 1mol/L 硫酸亚铁溶液，用吸管吸取 2ml 1mol/L 氢氧化钠溶液，将吸管插入 2ml 1mol/L 硫酸亚铁溶液液面以下，加入 1mol/L 氢氧化钠溶液，观察生成的沉淀颜色。不断振荡试管，观察试管内沉淀颜色的变化。

(3) 铁与硫酸铜溶液的反应：在试管中加入 2ml 1mol/L 硫酸铜溶液，将一根弯曲的铁丝插入硫酸铜溶液中，观察铁丝在硫酸铜溶液中的变化。

4. Fe^{3+}的检验 取 1 支试管加入 2ml 1mol/L 三氯化铁溶液，在试管中滴加 1mol/L 硫氰酸钾溶液，观察实验现象。

【思考】

1. 金属钠、镁的焰色反应各呈什么颜色？
2. 实验室如何制取氢氧化铝？怎样验证氢氧化铝具有两性？

(玄绪恒)

实验七　配制一定物质的量浓度的溶液

【实验目的】

1. 练习配制一定物质的量浓度的溶液。
2. 加深对物质的量浓度概念的理解。
3. 练习容量瓶的使用方法。

【实验原理】

(1) 物质的量浓度：表示单位体积溶液里所含溶质 B 的物质的量。

$$c_B = \frac{n_B}{V}$$

物质的量与质量、摩尔质量的关系：

$$n = \frac{m}{M}$$

(2) 溶液的稀释：溶液在稀释前和稀释后溶质的量保持不变。

$$c_1V_1 = c_2V_2$$

(3) 溶液配制的主要步骤：计算 → 称量 → 溶解 → 转移 → 洗涤 → 定容 → 备用。

【仪器与试剂】

仪器：万分之一分析天平、烧杯、药匙、容量瓶(50ml、250ml)、胶头滴管、玻璃棒、量筒、

15.00ml 刻度吸量管、洗耳球、称量纸。

试剂：$CuSO_4 \cdot 5H_2O$ 固体、2mol/L 乳酸钠溶液、蒸馏水。

【实验步骤】

1. 配制 250ml 0.1000mol/L 硫酸铜溶液

(1) 计算：所需 $CuSO_4 \cdot 5H_2O$ 固体的质量为

$$m(CuSO_4 \cdot 5H_2O)=250×10^{-3}L×0.1000mol/L×250g/mol=6.2500g$$

(2) 称量：用万分之一分析天平称取所需 $CuSO_4 \cdot 5H_2O$ 固体的质量。

(3) 溶解：将称量好的 $CuSO_4 \cdot 5H_2O$ 固体置于 250ml 烧杯中，加入约所配溶液体积一半的水溶解，搅拌并冷却至室温。

(4) 转移：将冷却后的溶液沿玻璃棒转移到容量瓶中。

(5) 洗涤：用少量蒸馏水洗涤烧杯 2~3 次，并将洗涤液全部转移到容量瓶中。轻轻摇动容量瓶，使溶液混合均匀。

(6) 定容：向容量瓶中加蒸馏水至离刻度线 1~2cm 处，改用胶头滴管加蒸馏水至刻度线。定容时，溶液凹液面恰好与刻度线相切(要求平视)。盖好瓶塞，反复上下颠倒，摇匀。

(7) 备用：把配制好的溶液装入试剂瓶中，盖好瓶塞并贴上标签(标签上应写明药品名称、溶液浓度和配制时间)，作为备用。

2. 用 2mol/L 的乳酸钠溶液配制成浓度为 0.5mol/L 的乳酸钠溶液 50ml

(1) 计算：配制 50ml 0.5mol/L 乳酸钠溶液所需 2mol/L 乳酸钠溶液的体积。

(2) 移取：用吸量管吸取所需 2mol/L 的乳酸钠溶液至 50ml 容量瓶中。

(3) 稀释：向容量瓶中缓慢加蒸馏水。

(4) 定容：当加到离刻度线 2~3cm 处时，改用胶头滴管滴加蒸馏水，加至溶液凹液面最低处与标线平视相切。盖好瓶塞，将溶液混匀。

(5) 备用：把配制好的溶液装入试剂瓶中，盖好瓶塞并贴上标签(标签上应写明溶液名称、溶液浓度和配制时间)，作为备用。

【思考】

如果加水定容时超过了刻度线，能将超出部分吸出至刻度线吗？

(侯轶男　杨存岭)

实验八　常见烃的主要化学性质

【实验目的】

1. 熟悉甲烷、乙烯、乙炔三种气体的实验室制取操作。
2. 掌握甲烷、乙烯、乙炔、苯的主要化学性质。
3. 学会甲烷、乙烯、乙炔、苯的相互鉴别方法。

【实验原理】

1. 甲烷、乙烯、乙炔的实验室制备方法

(1) 甲烷可以通过加热无水乙酸钠和碱石灰的混合物来制取。

$$CH_3COONa+NaOH \xrightarrow[\Delta]{CaO} CH_4\uparrow +Na_2CO_3$$

(2) 乙烯通常是通过加热乙醇和浓硫酸的混合物，使乙醇分解而制得。

$$CH_3CH_2OH \xrightarrow[170℃]{浓硫酸} CH_2=CH_2\uparrow +H_2O$$

(3) 乙炔可以通过电石(碳化钙)和水反应制取。

$$CaC_2 + 2H_2O \longrightarrow CH\equiv CH\uparrow +Ca(OH)_2$$

2. 甲烷、乙烯、乙炔和苯的化学性质

(1) 共性：均具有易燃性。

(2) 不同性质：甲烷性质稳定，不能被强氧化剂氧化，不能使酸性高锰酸钾溶液和溴的四氯化碳溶液褪色；而乙烯、乙炔因分子中含有不饱和键，化学性质活泼，能被强氧化剂氧化，可使酸性高锰酸钾溶液和溴的四氯化碳溶液褪色。苯化学性质稳定，在特殊条件下易取代、能加成、难氧化，不能使酸性高锰酸钾溶液和溴的四氯化碳溶液褪色。

【仪器与试剂】

仪器：试管、酒精灯、铁架台、烧杯、带导管的塞子、带尖嘴玻璃管的塞子、导管、碎瓷片、水槽、研钵、集气瓶、温度计、烧瓶(50ml)、胶皮管、石棉网、布块。

试剂：碳化钙、乙醇、浓硫酸、酸性高锰酸钾溶液、溴水、溴的四氯化碳溶液、无水乙酸钠、碱石灰、澄清的石灰水、饱和食盐水。

【实验内容】

一、甲烷的制取与性质

1. 取 4g 无水乙酸钠和 8g 碱石灰放在研钵中研细混合后，移至干燥大试管中，管口配带有导气管的塞子，如图 6-2 所示装配仪器。装备好仪器后，试管口应稍微向下倾斜。

预热 1 分钟，再对试管底部加热，即有大量甲烷生成。用排水集气法收集甲烷气体。

2. 将甲烷气体通入盛有酸性高锰酸钾溶液的试管中，观察试管中的溶液颜色有无变化。

3. 在试管中滴加适量溴水，通入甲烷气体，观察试管中的溶液颜色有无变化。

4. 点燃导气管口流出的气体，观察火焰的颜色。在火焰的上方罩一个干燥、洁净的烧杯，然后迅速将烧杯倒转过来，向烧杯中注入少量的澄清石灰水，振荡，观察现象。

二、乙烯的制取和性质

1. 如图 6-4 所示连接装置，并检查装置气密性。

2. 在烧瓶中加入乙醇与浓硫酸的混合液(体积比约为 1∶3)18ml，再加入少量碎瓷片，以免混合液在受热时暴沸。用带有温度计和玻璃导管的塞子塞住烧瓶瓶口。用酒精灯加热，使液态混合物温度迅速上升到 170℃，观察并记录实验现象。

3. 将生成的乙烯通入盛有酸性高锰酸钾溶液的试管中(注意：用手拿玻璃导管时，要用垫布，以免被烫伤)，观察试管内溶液颜色的变化。

4. 将生成的乙烯通入盛有溴的四氯化碳溶液的试管中，观察试管内溶液颜色的变化。

5. 在导管口点燃纯净的乙烯，观察燃烧时火焰的亮度和颜色。

三、乙炔的制取和性质

1. 在大试管中加入约 4ml 的饱和食盐水，放入几小块电石，立即用一团疏松的棉花塞进试管的上部(避免反应过程中产生的泡沫从导管口中喷出)，用连着导管的塞子塞住试管，把生成的乙炔分别通入盛有酸性高锰酸钾溶液和溴水的试管里，观察溶液颜色的变化。
2. 在导管口点燃纯净的乙炔，观察燃烧时的现象。注意与乙烯燃烧时的火焰做对比。

四、苯 的 性 质

向 2 支分别盛有少量酸性高锰酸钾溶液和溴的四氯化碳溶液的试管中滴入苯，振荡试管，静置后观察试管内液层的颜色。

【思考】
1. 你认为是乙烯容易与溴水反应，还是乙炔容易与溴水反应？为什么？
2. 请结合实验现象，说明如何区分甲烷、乙烯、乙炔、苯？

(张世政)

实验九　常见烃的含氧衍生物的主要性质

【实验目标】
1. 熟练掌握乙醇、苯酚和乙酸的主要化学性质的实验操作。
2. 学会比较乙醇、苯酚和乙酸化学性质上的差异。
3. 熟练掌握苯酚的鉴别方法。
4. 熟悉酯化反应的实验操作。
5. 具备严肃和实事求是的科学态度，养成爱护公物、节省试剂的良好品德。

【仪器与试剂】
仪器：试管、试管夹、镊子、滤纸、火柴、角匙、烧杯、酒精灯、玻璃棒、点滴板、带导管橡皮塞。
试剂：金属钠、铜丝、无水乙醇、酚酞指示剂、蒸馏水、1.5mol/L 硫酸、0.17mol/L 重铬酸钾溶液、2mol/L 氢氧化钠溶液、2mol/L 盐酸、0.1mol/L 苯酚溶液、饱和溴水、0.06mol/L 三氯化铁溶液、苯酚固体、碳酸钠固体、乙酸、蓝色石蕊试纸、广泛 pH 试纸、浓硫酸。

【实验原理】
1. 乙醇的官能团是羟基，其化学反应主要发生在羟基及与羟基相连的碳原子上，乙醇能与活泼金属发生反应，能发生脱水反应(分子内及分子间)及氧化反应。
2. 由于苯酚结构的特殊性导致其显弱酸性，苯酚能和三氯化铁溶液发生显色反应，能够与溴水发生取代反应。
3. 乙酸的官能团是羧基，因此其具有酸性，并且能与乙醇等发生酯化反应生成酯。

【实验内容】

一、乙醇的化学性质

1. 乙醇钠的生成及水解　在干燥试管中，加入无水乙醇 1ml，并加一小粒新切的、用滤纸擦干的金属钠，观察现象并触摸试管是否发热。随着反应的进行，试管内溶液变浓稠。当钠完全溶解后，冷却，试管内溶液逐渐凝结成固体。然后滴加水直到固体消失，再加一滴酚酞试液，又有何现象发生？解释原因，写出化学反应方程式。

2. 乙醇的氧化反应

(1) 在试管里加入 2ml 无水乙醇，把一端弯成螺旋状的铜丝放在酒精灯外焰上加热，使铜丝表面形成一层薄薄的黑色的氧化层，立即插入盛有乙醇的试管里面，这样反复操作几次，注意闻生成物的气味，并注意观察铜丝表面的变化。写出有关的反应方程式。

(2) 在试管里加入 2ml 无水乙醇，然后加入 10 滴 1.5mol/L 硫酸和 0.17mol/L 重铬酸钾溶液，振摇，观察现象。

二、苯酚的化学性质

1. 苯酚的溶解性　取 1 支试管，加入苯酚固体少量，再加入 1ml 水，振荡后观察现象。加热，再冷却，又有何现象发生？解释原因。

2. 苯酚的弱酸性　在上述混浊液中滴加 2mol/L 的氢氧化钠溶液，边滴边振荡，直至溶液变透明为止。

将上述透明溶液一分为二，一份滴加盐酸数滴，边滴边振荡，有何变化？另取 2 支试管，1 支中加入少量碳酸钠固体和 2mol/L 盐酸 2ml，用带导管的橡皮塞塞住管口，将产生的气体通入第 2 支盛有上述透明溶液的试管中，有何现象？解释以上变化的原因并写出有关化学方程式。

3. 苯酚与溴水作用　取试管 1 支，加入苯酚溶液 1ml，再滴入饱和溴水 1～2 滴，有何现象？写出化学方程式。

4. 苯酚与三氯化铁的显色反应　取 1 支试管，向试管中加入 10 滴 0.1mol/L 苯酚溶液，再加 1 滴 0.06mol/L 三氯化铁溶液，振摇，有何现象？解释所发生的变化。

三、乙酸的化学性质

1. 乙酸的酸性　将 5 滴乙酸溶于 1ml 水中，然后用洗净的玻璃棒蘸取相应的酸液涂在 1 条蓝色石蕊试纸上，观察试纸的颜色变化。

2. 成盐反应　在试管中滴入乙酸 2ml，加入 2mol/L 氢氧化钠溶液数滴，振荡并观察现象。

3. 成酯反应　在干燥试管内加 1ml 乙酸、1ml 无水乙醇及 0.2ml 浓硫酸，把试管放在热水浴(60～70℃)中加热 10 分钟后，再将试管内的反应生成物倒入盛有冷水的小烧杯中，观察现象，能否闻到令人愉快的香味。

【思考】

1. 乙醇与钠反应时，为什么要用无水乙醇？
2. 苯酚为什么能溶于氢氧化钠和碳酸钠溶液中，而不溶于碳酸氢钠溶液？

3. 为什么取用金属钠时一定要用镊子，而不能用手直接拿取？

(夏振展)

实验十　鲜果中维生素C的探究

【实验目的】
1. 加深对直接碘量法测定果蔬中维生素C含量的原理的理解，掌握其操作要点。
2. 熟练掌握基本操作技术。

【实验原理】
维生素C具有很强的还原性，能将碘还原成碘离子。碘遇淀粉变蓝色，而碘离子不能使淀粉溶液改变颜色；因此，在含有维生素C的溶液中，加入淀粉溶液，就可以用碘溶液来滴定被检测样品中的维生素C。记录滴定用去的碘溶液量，再根据已知的每毫升碘溶液可以与多少毫克的维生素C发生反应，就可以计算出被检测样品的维生素C含量。

由于维生素C的还原性很强，在空气中易被氧化，特别是在碱性介质中更易被氧化，故在测定时须加入少量稀乙酸或盐酸使溶液呈弱酸性，以减少副反应的发生。

【仪器与试剂】
仪器：容量瓶(250ml)、酸式滴定管(50ml)、锥形瓶、量筒、玻璃棒、尼龙纱布、万分之一分析天平、多功能食物粉碎机、漏斗、pH试纸、烧杯。

试剂：新鲜的水果和蔬菜(西红柿、苹果、梨、橙子等)、0.02mol/L碘溶液、盐酸(质量分数为2%)或2mol/L乙酸、可溶性淀粉溶液(质量分数为2%)、蒸馏水、维生素C药片(100mg/片)。

【实验内容】
1. 制备果蔬组织提取液
(1) 称取50g新鲜水果或蔬菜，放入多功能食物粉碎机中，再加入50ml蒸馏水，然后进行粉碎。
(2) 在漏斗中垫上尼龙纱布，将粉碎后的果蔬液过滤到烧杯中。取出1/2的滤液，放入洁净的锥形瓶中。
(3) 向锥形瓶中加入2ml 2%可溶性淀粉溶液，然后滴加盐酸或乙酸，将pH调至3。

2. 滴定果蔬组织提取液
(1) 将一片维生素C药片溶解在25ml蒸馏水中。
(2) 用碘溶液滴定维生素C药片溶液与果蔬组织提取液。滴定过程中，边滴定边晃动锥形瓶，直到提取液呈现蓝色，并且在0.5分钟内不褪色为止。重复滴定两次，记录每次滴定的初读数和末读数(末读数与初读数之差，就是每次滴定所用去的碘溶液量)。最后，计算出两次滴定所用去的碘溶液量的平均值。

3. 操作要点
(1) 试样溶解后应立即进行滴定，以防止维生素C被空气所氧化。
(2) 接近终点时的滴定速度不宜过快，溶液呈现稳定的蓝色即为终点。

【实验数据记录与结果分析】
1. 记录滴定标准维生素C药片溶液所用去的碘溶液体积。

2. 果蔬组织中的维生素 C 含量计算公式。

根据下列公式计算果蔬组织中的维生素 C 含量(每 100g 样品中含维生素 C 的毫克数)：

$$\text{某种果蔬组织中维生素C含量(mg/100g)} = \frac{\text{滴定组织提取液所用去的碘溶液体积(ml)}}{\text{滴定标准维生素C药片溶液所用去的碘溶液体积(ml)}} \times 100 \times 4$$

【思考】

1. 试述本法测定维生素 C 含量的原理。
2. 为什么测定维生素 C 含量需要在乙酸介质中进行？

(侯轶男)

参 考 文 献

胡建华, 周德慧, 黄业新, 2017. 化学. 北京: 中国建材工业出版社
李翠莲, 2002. 化学. 北京: 中国农业出版社
李玮路, 2003. 化学. 北京: 生活·读书·新知三联书店
刘奉岭, 孔令鹏, 2014. 化学. 济南: 山东科学技术出版社
刘明清, 王万荣, 2014. 预防医学. 5版. 北京: 人民卫生出版社
吕昌银, 毋福海, 2006. 空气理化检验. 北京: 人民卫生出版社
吕苏琴, 张春荣, 揭念芹, 2000. 基础化学实验Ⅰ. 北京: 科学出版社
牛静萍, 唐焕文, 2016. 环境卫生学(案例版). 2版. 北京: 科学出版社
邱承晓, 李世杰, 2015. 医用化学基础. 北京: 人民卫生出版社
邱承晓, 谢美红, 2013. 医用化学. 北京: 化学工业出版社
人民教育出版社, 课程教材研究所, 化学课程教材研究开发中心, 2007. 化学: 化学与生活. 2版. 北京: 人民教育
　　出版社
石宝珏, 2013. 医用化学基础. 北京: 高等教育出版社
石宝珏, 宋守正, 2015. 基础化学. 北京: 人民卫生出版社
孙彦坪, 2016. 有机化学基础. 3版. 北京: 人民卫生出版社
王磊, 陈光巨, 2007. 化学. 2版. 济南: 山东科学技术出版社
项岚, 2012. 医用化学. 西安: 陕西师范大学出版社
项岚, 段广河, 2013. 医用化学. 北京: 中国医药科技出版社
徐建玲, 2009. 现代环境卫生学. 北京: 北京大学出版社
杨艳杰, 2010. 化学. 2版. 北京: 人民卫生出版社
张坐省, 2001. 有机化学. 北京: 中国农业出版社
赵丽萍, 王麟生, 2000. 绿色化学: 环境战略的新认识. 化学教学, (7): 28-32

附　　录

附录一　国际单位制的基本单位

量的名称	单位名称	单位符号
长度	米	m
质量(重量)	千克(公斤)	kg
时间	秒	s
电流	安[培]	A
热力学温度	开[尔文]	K
物质的量	摩[尔]	mol
发光强度	坎[德拉]	cd

附录二　酸、碱、盐的溶解性表(293.15K)

阳离子	阴离子								
	OH^-	NO_3^-	Cl^-	SO_4^{2-}	S^{2-}	SO_3^{2-}	CO_3^{2-}	SiO_3^{2-}	PO_4^{3-}
H^+	—	溶、挥	溶、挥	溶	溶、挥	溶、挥	溶、挥	微	溶
NH_4^+	溶、挥	溶	溶	溶	溶	溶	溶	溶	溶
K^+	溶	溶	溶	溶	溶	溶	溶	溶	溶
Na^+	溶	溶	溶	溶	溶	溶	溶	溶	溶
Ba^{2+}	溶	溶	溶	不	—	不	不	不	不
Ca^{2+}	微	溶	微	微	—	不	不	不	不
Mg^{2+}	不	溶	溶	溶	—	微	微	不	不
Al^{3+}	不	溶	溶	溶	—	—	—	不	不
Mn^{2+}	不	溶	溶	溶	不	不	不	不	不
Zn^{2+}	不	溶	溶	溶	不	不	不	不	不
Cr^{3+}	不	溶	溶	溶	—	—	—	不	不

续表

阳离子	阴离子								
	OH^-	NO_3^-	Cl^-	SO_4^{2-}	S^{2-}	SO_3^{2-}	CO_3^{2-}	SiO_3^{2-}	PO_4^{3-}
Fe^{2+}	不	溶	溶	溶	不	不	不	不	不
Fe^{3+}	不	溶	溶	溶	—	—	不	不	不
Sn^{2+}	不	溶	溶	溶	不	—	—	—	不
Pb^{2+}	不	溶	微	不	不	不	不	不	不
Cu^{2+}	不	溶	溶	溶	不	不	不	不	不
Bi^{3+}	不	溶	—	溶	不	不	不	—	不
Hg^+	—	溶	不	微	不	不	不	不	不
Hg^{2+}	—	溶	溶	溶	不	不	不	—	不
Ag^+	—	溶	不	微	不	不	不	不	不

附录三 常用酸碱溶液的相对密度和浓度表

化学式(20℃)	相对密度	质量分数(%)	质量浓度(g/cm³)	物质的量(mol/L)
浓 HCl	1.19	38.0		12
稀 HCl	1.10	20.0	10	6
稀 HCl				2.8
浓 HNO_3	1.42	69.8		15
稀 HNO_3			10	1.6
稀 HNO_3	1.2	32.0		6
浓 HNO_4	1.84	98		18
稀 HNO_4			10	1
稀 HNO_4	1.18	24.8		3
浓 HAc	1.05	90.5		17
HAc	1.045	36~37		6
$HClO_4$	1.47	74		13
H_3PO_4	1.689	85		14.6
浓 $NH_3 \cdot H_2O$	0.90	25~27(NH_3)		15
稀 $NH_3 \cdot H_2O$		10(NH_3)		6
稀 $NH_3 \cdot H_2O$		2.5(NH_3)		1.5
NaOH	1.109	10		2.8

教学基本要求

一、课程性质和课程任务

化学是五年制高等职业教育全面提高学生科学素养的文化基础课程之一，也是化工类、食品药品类、农林医护类、材料加工类等化学相关专业学习专业基础课程的先修课程。课程的主要任务是帮助学生构建自身发展所需的化学基础知识和基本技能，体验探究过程，学习科学研究的基本方法。培养学生严谨求实的科学态度；助力学生认识化学与生活、与社会之间的关系，逐步树立可持续发展的思想。

二、课程教学目标

（一）知识目标

1. 了解身边常见物质的性质及其在社会生产和生活中的应用。
2. 理解基本的化学概念、化学原理和反应规律。
3. 掌握物质结构与性质的相关知识。
4. 认识化学与生活、工农业生产和环境保护的关系。

（二）能力目标

1. 能规范使用常见的化学实验仪器，能完成基本的化学实验操作。
2. 能运用观察、实验等方法获取信息，会用比较、分类、归纳、概括等方法对获取的信息进行加工处理。
3. 能根据反应原理分析常见的影响化学实验的因素，对实验过程中出现的异常情况，能尝试提出解决方法。
4. 能设计完成简单的化学实验，规范记录、正确处理实验数据和用化学语言进行描述，并做出科学评价。
5. 能综合运用有关知识、技能与方法分析和解决一些化学问题。

（三）情感目标

1. 在探究活动中，体验科学探究的艰辛与喜悦，感受化学世界的奇妙与和谐。
2. 在理论知识的学习过程中，培养学生的化学思维方式和科学意识。
3. 在实验探究和技能训练中，养成严谨、求实的科学态度，提高创新能力，树立安全意识。
4. 在探究活动、合作学习中，提高沟通能力和语言表达能力，增强团队协作意识。
5. 引导学生关注与化学有关的社会热点问题，培养环保意识，增强社会责任感。

三、教学内容和要求

教学内容	教学要求 了解	教学要求 熟悉	教学要求 掌握	教学活动参考	教学内容	教学要求 了解	教学要求 熟悉	教学要求 掌握	教学活动参考
第1章 化学科学的初步认识				理论讲授 多媒体演示	实验三 元素周期表中元素性质的递变规律			√	理论讲授 多媒体演示 实验演示
第1节 走进化学科学					第3章 常见的非金属元素及其应用				
一、认识化学	√				第1节 氯气及其重要的化合物				
二、化学的发展	√				一、氯气的组成和氯原子的结构		√		
第2节 学习化学的方法					二、氯气的性质			√	
一、初中化学知识总结与回顾		√			二、重要的氯化物		√		
二、学习化学的方法		√			三、卤离子的检验		√		
实验一 化学实验基本操作			√		第2节 碳、氮、硫的主要化合物				
实验二 粗盐的提纯			√		一、碳及其化合物		√		理论讲授 多媒体演示 实验演示
第2章 物质的结构分析				理论讲授 多媒体演示 实验演示	二、氮的主要化合物			√	
第1节 原子结构					三、硫的主要化合物			√	
一、原子的组成和同位素	√				第3节 传统硅酸盐产品与新型无机非金属材料				
二、原子核外电子的排布规律	√				一、传统硅酸盐产品	√			
第2节 元素周期律和元素周期表					二、新型无机非金属材料	√			
一、元素周期律		√			第4节 酸雨的形成与防治				
二、元素周期表			√		一、认识臭氧		√		
第3节 化学键					二、酸雨的形成与防治		√		
一、离子键		√			实验四 氯气的实验室制法和性质检验			√	
二、共价键		√			实验五 氮、硫及其重要化合物的性质			√	
三、分子间作用力与氢键	√				第4章 常见的金属元素及其应用				理论讲授 多媒体演示 实验演示

续表

教学内容	教学要求			教学活动参考	教学内容	教学要求			教学活动参考
	了解	熟悉	掌握			了解	熟悉	掌握	
第1节 金属通性				理论讲授 多媒体演示 实验演示	二、溶液的配制			√	理论讲授 多媒体演示
一、金属元素在元素周期表中的位置		√			实验七 配制一定物质的量浓度的溶液			√	
二、金属的性质			√		第6章 常见的烃类化合物				理论讲授 多媒体演示 实验演示
第2节 几种重要的金属及其化合物					第1节 最简单的烃类化合物——甲烷				
一、钠及其重要的化合物			√		一、甲烷的分子结构特点		√		
二、镁、钙及其重要化合物		√			二、甲烷的性质		√		
三、铝及其重要化合物		√			第2节 重要的烃类代表物				
四、铁、铜及其重要化合物		√			一、乙烯		√		
第3节 合金					二、乙炔			√	
一、合金	√				三、苯				
二、合金的性质		√			第3节 石油与煤的综合利用		√		
三、常见的合金		√			一、石油的炼制与综合利用		√		
实验六 常见金属及其重要化合物的性质		√			二、煤的综合利用		√		
第5章 物质的量的认识				理论讲授 多媒体演示	实验八 常见烃的主要化学性质		√		
第1节 物质的量					第7章 常见烃的含氧衍生物				理论讲授 多媒体演示 实验演示
一、物质的量及其单位			√		第1节 乙醇和苯酚				
二、摩尔质量		√			一、乙醇		√		
三、有关物质的量的计算		√			二、苯酚		√		
第2节 溶液的配制					第2节 甲醛和乙醛				
一、溶液浓度		√			一、甲醛和乙醛的分子结构		√		

续表

教学内容	教学要求			教学活动参考	教学内容	教学要求			教学活动参考
	了解	熟悉	掌握			了解	熟悉	掌握	
二、甲醛和乙醛的主要化学性质			√	理论讲授 多媒体演示 实验演示	二、树立食品安全意识	√			理论讲授 多媒体演示 实验演示
第3节 乙酸			√		实验十 鲜果中维生素C的探究	√			
实验九 常见烃的含氧衍生物的主要性质					第9章 保护生存环境				
第8章 食品营养与健康				理论讲授 多媒体演示 实验演示	第1节 我们生存的环境				理论讲授 多媒体演示
第1节 人类重要的营养物质					一、环境的概念与分类	√			
一、糖类		√			二、环境与健康		√		
二、酯和油脂		√			三、化学污染			√	
三、蛋白质		√			第2节 保护生存环境				
四、维生素与微量元素	√				一、污染的防护与处理		√		
第2节 关注食品营养健康					二、增强环境保护意识	√			
一、合理膳食			√						

四、学时分配建议(64学时)

教学内容	学时数		
	理论教学	实践教学	小计
第1章 化学科学的初步认识	2	4	6
第2章 物质的结构分析	6	2	8
第3章 常见的非金属元素及其应用	8	4	12
第4章 常见的金属元素及其应用	6	2	8
第5章 物质的量的认识	4	2	6
第6章 常见的烃类化合物	6	2	8
第7章 常见烃的含氧衍生物	4	2	6
第8章 食品营养与健康	4	2	6
第9章 保护生存环境	4	0	4
合计	44	20	64

五、教学实施建议

（一）适用对象与参考学时

本教学大纲可供职业教育各专业使用，总学时为 64 学时，其中理论教学 44 学时，实践教学 20 学时。

（二）教学要求

1. 本课程对理论教学部分要求有掌握、熟悉、了解三个层次。掌握是指对化学中所学的基本知识、基本理论具有深刻的认识，并能灵活地应用所学知识分析、解释生活现象和问题。熟悉是指能够解释、领会概念的基本含义并会应用所学技能。了解是指能够简单理解、记忆所学知识。

2. 本课程突出以培养能力为本位的教学理念。

（三）教学建议

1. 在教学过程中要积极采用现代化教学手段，加强直观教学，充分发挥教师的主导作用和学生的主体作用。注重理论联系实际，并组织学生开展必要的案例分析讨论，以培养学生的分析问题和解决问题的能力，使学生加深对教学内容的理解和掌握。

2. 实践教学要充分利用教学资源，使用案例分析、小组讨论等教学形式，充分调动学生学习的积极性和主观能动性，强化学生的动手能力和实践操作。

3. 教学评价应通过课堂提问、布置作业、单元目标测试、案例分析讨论、期末考试等多种形式，对学生进行学习能力、实践能力和应用新知识能力的综合考核，以期达到教学目标提出的各项任务。

自测题参考答案

第2章

一、名词解释(略)

二、填空题

1. 原子核　电子　质子　中子
2. 16　7
3. 分子　相邻原子　强烈
4. 活泼的金属　活泼的非金属　活泼的非金属　活泼的非金属
5. 电子层数　非金属性　金属性

三、单选题

1. A　2. B　3. D　4. D　5. A

四、问答题(略)

第3章

一、名词解释(略)

二、填空题

1. 次氯酸钙　次氯酸
2. 黄绿色　氯水
3. 700 体积
4. 无　臭鸡蛋　稍重

三、单选题

1. A　2. A　3. B　4. C　5. C　6. D

四、简答题

1. 答：因为氯气与水反应生成次氯酸，次氯酸具有很强的氧化性，可以把有色物质氧化褪色。能，因为氯气通入自来水后有次氯酸生成，次氯酸有强氧化性，可以杀菌消毒。

2. 答：氨水是一水合氨，是混合物，具有碱性和导电性；而液氨是液态的氨，是纯净物，没有碱性和导电性。氨水能导电，液氨不能导电。

3. 答：不能，因为氨气有碱性，二者易发生化学反应。

五、鉴别题

1. 答：用铜片。硫酸、硝酸均有反应，均有气体产生，但气体的颜色不同，而稀盐酸不反应。

$$2H_2SO_4(浓)+Cu \xrightarrow{\triangle} CuSO_4+SO_2\uparrow+2H_2O$$

$$Cu+4HNO_3(浓)== Cu(NO_3)_2+2NO_2\uparrow+2H_2O$$

2. 答：加入氢氧化钡加热，能使红色石蕊试纸变蓝，且有沉淀生成，加稀硝酸沉淀不溶解。

$$(NH_4)_2SO_4+Ba(OH)_2== BaSO_4+2NH_3\uparrow+2H_2O$$

第4章

一、名词解释(略)

二、填空题

1. 锂 钠 钾 铷 铯 钫
2. 石灰乳 硫酸铜
3. 二氧化硅 硅酸钠
4. 模型 石膏绷带
5. 水的净化
6. 26 第四 Ⅷ族
7. 4/5
8. 钨 汞
9. 氧气 水分 煤油

三、单选题

1. A   2. B   3. D   4. B   5. B

四、问答题(略)

第5章

一、名词解释(略)

二、填空题

1. 0.025mol   3.55g

2. 56g/mol   0.5mol
3. 300g   6.02×10^{23}

三、单选题

1. C   2. D   3. D   4. B   5. A   6. B

四、计算题

1. 1mol/L
2. 3597ml
3. 0.595mol/L

第6章

一、名词解释(略)

二、填空题

1. 无色   无味   难   小   天然气   沼气   油田气   坑道气
2. 无   稍有   难   CH$_2$=CH$_2$
3. 芳香   ⌬   6   碳碳单键和碳碳双键之间

三、单选题

1. D   2. C   3. A   4. A   5. B

第7章

一、填空题

1. 分子内脱水   乙烯   催化剂
2. 酒精
3. 醛基(—CHO)   CH$_3$CHO   银镜   砖红色沉淀(Cu$_2$O)
4. 醋酸   强
5. 羧基上的—OH   羟基上的H   催化剂

二、单选题

1. D   2. A   3. B   4. C   5. B   6. B   7. B   8. C   9. D   10. A

三、写出下列化合物的结构式(略)

四、问答题(略)

第 8 章

一、名词解释(略)

二、填空题

1. 油　脂肪　甘油　高级脂肪酸　液　固　脂肪
2. 羧基　氨基　两性
3. 维生素 A　维生素 D

三、单选题

1. A　　2. D　　3. C　　4. C　　5. D　　6. A

四、问答题(略)

第 9 章

一、名词解释(略)

二、填空题

1. 原生环境　次生环境
2. 化学性污染物　生物性污染物　物理性污染物
3. 二氧化硫　苯及苯系物
4. 化学性
5. 视觉危害　潜在危害

三、单选题

1. B　　2. D　　3. B